JN180553

IoTが拓く次世代農業
アグリカルチャー4.0の時代

(株)日本総合研究所
三輪泰史・井熊 均・木通秀樹

Agriculture4.0

日刊工業新聞社

はじめに

日本農業はいま、長い衰退傾向の果てに壊滅的状況に陥るか、劇的なV字回復を実現するかという、重要な分岐点に差し掛かっている。

日本農業の現状は、「農業産出額の低下」、「農業就業人口の減少」、「耕作放棄地の増加」、といったネガティブな表現で説明されることが多い。これらは紛れもない事実である。だが、厳しい逆境をただ嘆いていても、日本農業の状況は日に日に悪化するばかりだ。いま求められているのは、ピンチをチャンスに変える、逆転の発想である。農業就業人口の減少は、見方を変えれば、一人当たり農地面積の増加と読み替えることができる。日本の食卓を支えてくれたベテラン農家のリタイアは、「狭い農地」という日本農業の長年の課題を解消する千載一遇のチャンスでもあるのだ。

そのような中、情報通信技術の急速な発展により“IoT（モノのインターネット)”という新たな仕組みが台頭した。産業界ではインダストリー4.0（第四次産業革命）により製造業の革新が実現しつつあり、その波は続いて農業に迫っている。農業IoTを効果的に活用すれば、農業界の悲願である「農業従事者みなが儲かる農業」を実現することも可能だ。本書では、筆者はそのような農業モデルを「アグリカルチャー4.0」と定義した。

農業IoTの実用化を目指し、農林水産省をはじめとする各省庁は、自動運転農機、農業ロボット、環境制御システム、リモートセンシング等を「スマート農業」と位置付け、研究開発や実証を積極的に支援している。これから5年間で様々な技術が実用化され、普及が進むと考えられる。

一方で、現状のスマート農業は万能ではない。日本農業のボリュームゾーンである数ha規模の分散圃場では、自動運転農機は本領を発揮できないのである。営農面積が狭く農機の稼働率が低いことや、圃場間の移動に時間がかかってしまうことが原因だ。そこで本書では、日本農業の典型例であるこのような分散圃場に対するソリューションとして、小型の自律多機能農業ロボット「DONKEY」及びそれを支えるデータベースを提唱し、必要な機能、運用方法、開発戦略について説明している。

「DONKEY」やスマート農業技術といった農業IoTを、圃場の特性やビジネスモデルに応じて使いこなすことで、農業従事者は従来の厳しい作業から解放され、その時間を企画、マーケティング、研究開発といったクリエイティブな業務に充てることができる。他産業並みの収入と魅力的な業務内容を兼ね備えることで、農業に優秀な人材が集まり、持続的な発展の礎となる。

農業ビジネスやIoTへの関心が高まる中、本書の内容が、高い志を持った農業者やビジネスパーソンに対して少しでもお役に立てば、筆者としてこの上ない喜びである。

本書は株式会社日本総合研究所・創発戦略センターの井熊均所長及び木通秀樹シニアスペシャリストとの共同執筆である。豊富な経験と鋭い発想力を基に、アグリカルチャー4.0のコンセプト検討及びアイデアの具体化にご尽力頂いたことに感謝申し上げる。また、同センターの清水久美子氏と各務友規氏には、国内外の農業IoTの先進事例の収集にご協力頂いた。多忙な中、的確かつ迅速な情報収集と分析を行ってくれたことに感謝の意を表したい。

本書の企画、執筆に関しては新日本編集企画の鷲野和弘様に丁寧なご指導を頂いた。この場を借りて厚く御礼申し上げる。

また、私事で恐縮ではあるが、これまでの著作活動を陰ながら支えてくれた妻に感謝したい。

最後に、筆者の日頃の活動にご支援、ご指導を頂いている株式会社日本総合研究所に対して心より御礼申し上げる。

2016年10月

三輪　泰史

IoTが拓く次世代農業　アグリカルチャー4.0の時代

目　次

第3章　アグリカルチャー4.0の時代

第4章　アグリカルチャー4.0を牽引するIoT

第5章　アグリカルチャー4.0の推進策

第1章

ビジネス化が進む農業

1

日本農業の苦境

世界トップの品質なのに低迷する日本農業

南北に長く伸び四季の変化に富む島国である日本にとって、古くより農業は重要な産業と位置付けられてきた。農業は単に食料生産や経済活動に留まらず、日本の文化や歴史の根幹をなしてきた。工業、サービス業の発展により、農業の産業としての重要性は相対的に低下してきたが、それでも日本の消費者の食卓を支え、文化や地域経済を支える欠かすことができない存在である。

日本が近代化されてから20世紀の終わりまで、農業は「農家」が行うものであり、産業界とはある種の対極に位置してきた。しかし近年、農業と産業の距離が縮まりつつある。アベノミクスでは農業を成長産業の一つに位置付け、保護一色であった旧来型の農業から、産業の一分野へと役割が変わりつつある。企業や消費者の農業に対する関心が飛躍的に高まっていくなかで、従来の農家だけでなく、異業種企業が農業ビジネスに挑戦する事例が急増している。

「農業ブーム」ともいえる状況の日本の農業界だが、それを支えているのが、世界トップレベルと評価される日本の農産物の品質である。量の面ではアメリカ、豪州、ブラジルといった農業大国には敵わないが、「美味しさ」や「安全性」を武器に、独自の輝きを放っている。デパートやスーパーマーケットに足を運ぶと、多種多様で美味な農産物が作られていることを再認識できる。気候や土壌等の地域特性と農家の匠の技が掛け合わさり、オリジナリティー溢れる優れた商品が日本全国で生み出されている。

日本の農産物の人気は国内に留まらない。政府の積極的な観光客呼び込み策が実り、海外からの観光客数が大幅に伸びているが、実際に日本を訪れた観光客は、日本の果物、野菜、肉等の味を極めて高く評価している。日本に来て、日本の食事や農産物のファンになったという声がしばしば聞かれる。また、最近日本では高品質なトマトが人気だが、施設園芸のトマト栽培の本場であるオランダの農家でさえも、日本のトマトの味に驚くそうだ。「日本の農産物は美味しい」というのは、国際的な評価となりつつある。

インターネットやSNS（ソーシャル・ネットワーキング・サービス）の普及により、日本の高品質な農産物の情報が飛び交うようになり、インターネット販売も普及した。消費者が優れた商品に容易にアクセスできるようになったことで、多くの新たなヒット商品が出現している。

世界に誇る高品質な農産物を生み出す日本農業だが、産業として見た場合には上手くいっているわけではない。「農業は儲からない斜陽産業だ」という評価は農業関係者の中で「常識」である。そうした厳しい現実にもかかわらず、農業の基本的な問題を看過し、成長産業と位置付けることに批判的な意見も散見される。

地域の基幹産業である農業の衰退は、地方の活力低下にもつながっている。政府の掲げる農業の成長産業化や地方創生とは程遠い状況がそこにはある。現状の成長産業化は面としての農業の衰退を看過し、点としての成功例だけを見た政策であり、これだけで日本農業の明るい未来を描くことはできない。

日本農業の概観

日本の農業の現状を俯瞰すると、戦後しばらくは農業基盤の整備や人口増加の影響で農業生産は増加した。しかし、農業産出額は1984年の11兆7000億円をピークに、長期にわたり低下傾向にある。高度経済成長の中で、労働力や土地が第2次産業や第3次産業へと流出し、農業産出額、農業従事者数ともに大きく低下した。農業から工業等への人材移行が経済発展を下支えする、という現象は世界中でみられる普遍的な発展モデルだが、その後は農業が低迷するか、アメリカなどの農業大国や欧州のようにある程度盛り返すか、道が分かれる。

現状の日本の農業産出額（生産額）（**図表1-1-1**）は10兆円を大きく割り込み、8兆円台まで減少している。2013年度の国内農業産出額の内訳は、主食であるコメが約1.8兆円、野菜が約2.3兆円、果実が約0.8兆円、畜産が約2.7兆円となっている。減反政策などによる保護作物という印象の強いコメだが、単品ではいまだ2兆円に迫る産出額を誇り、日本農業の柱の一つとなっている。日本農業の再生を図るためには、コメの現状から目を背けてはならない。

収益性の低いコメの苦境について詳しく見てみよう。米価の低迷に伴い稲作農家の収入は大きく落ち込んでおり、補助金なしでは大赤字で儲からない農業の代名詞となってしまった。米価の落ち込みは思った以上に深刻である。コメの流通制度は何度も変更がなされており、時代に

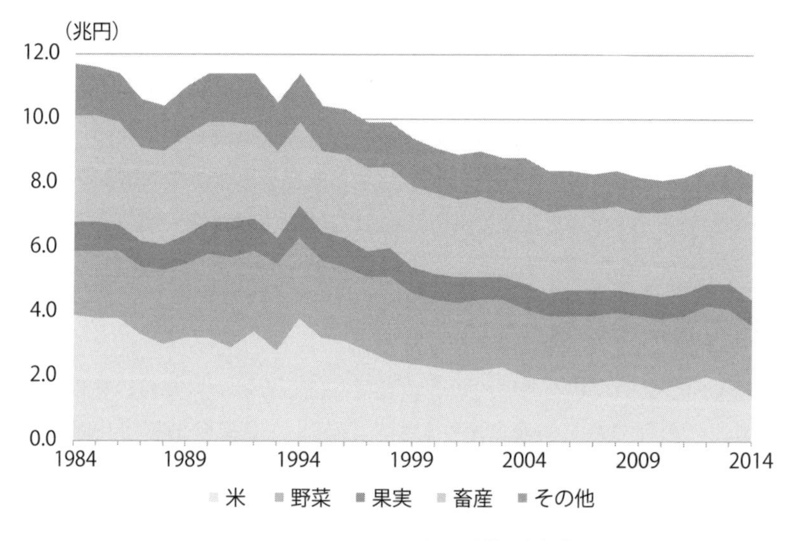

出所：農林水産省「生産農業所得統計」より作成

図表1-1-1　農業産出額の推移（品目別）

よって統計上の定義に違いがあるが、その推移を追ってみると、1990年には自主流通米の価格が21,600円／玄米60kgだったのに対して、2014年には相対取引価格は12,215円/玄米60kgにまで低下している。25年間で4割以上単価が下がってしまったのである。

その背景には、日本国内における慢性的なコメ余りがある。端的に言うと、日本人がコメを食べなくなったということだ。日本の主食であるコメの消費量はピーク時の半分以下に減少した。1960年は供給カロリーの半分がコメ由来であったが、近年は4分の1にまで縮小している。日頃の食事を思い出してほしい。個人差はあるだろうが、3食すべてで米飯を食べるという日は多くないのではないか。コメ以外にもパンや麺の摂食が大幅に増加しており、もはやコメだけが日本の主食という時代ではない。

日本人のコメ離れにより需要と供給のバランスが崩れ、米価が下落したことを受け、1971年からは生産調整、いわゆる減反政策が始まった。減反政策の概要は、コメを作る農地の面積をトップダウンで決定し、それを超える農地は休ませる、もしくは他の作物を作るという仕組みである。供給過剰の回避は米価維持のために必要だったことは確かだが、開始当初より需要が低下しているにもかかわらず、硬直的に減反を続けたことが農業全体に大きなゆがみをもたらした。農業の低迷が叫ばれる日本において、「あえて作らない」ことを推奨することには、専門家のみならず多くの人が違和感を覚えた。

離農と耕作放棄地の増加というピンチ

これまで日本農業を支えてきた層が高齢化（基幹的農業従事者の平均年齢は67.0歳、65％が65歳以上）し離農者が増加している。他方で、若年層が農業を継がずに他産業に就職するケースが多く、跡継ぎ不在が深刻化している。結果として、販売農家数は1990年の半数程度にまで減少してしまった。重労働である農業を何歳までも続けることは難しく、平均年齢は天井が近づいている状況にある。これまでは、既存の農業従事者（農業に従事する個人）が体に鞭打って頑張り、平均年齢をそのままスライドさせることで高齢化の波に耐えてきたが、今後10年、20年と同じように耐えることは不可能である。平均年齢が70歳を超えたあたりから、農業就業人口の減少はさらに加速するだろう。

農地も深刻な問題を抱えている。農産物が栽培されずに放置された「耕作放棄地」の面積が右肩上がりに増加しており、2015年度には42.3万haとなっている（**図表1-1-2**）。富山県や福井県の総面積に匹敵する規模であり、いかに使われていない農地が多いかが分かる。特に注意すべきは、土地持ち非農家（農家以外の農地を所有している者）の耕作放棄地が増加している点である。これまでは農地に対する課税が減免されていたため、農業生産を行わない場合も、ひとまず農地を手放さずに所有し続けることが多かった。また、農業従事者の死亡時には農地が子供や孫に相続されるが、当事者が都市部で農業以外の職に就いていることも多く、耕作されない農地は放ったらかしにされた。加えて、高度経済成長期やバブル経済時などには、宅地開発や道路開発等のための農地の

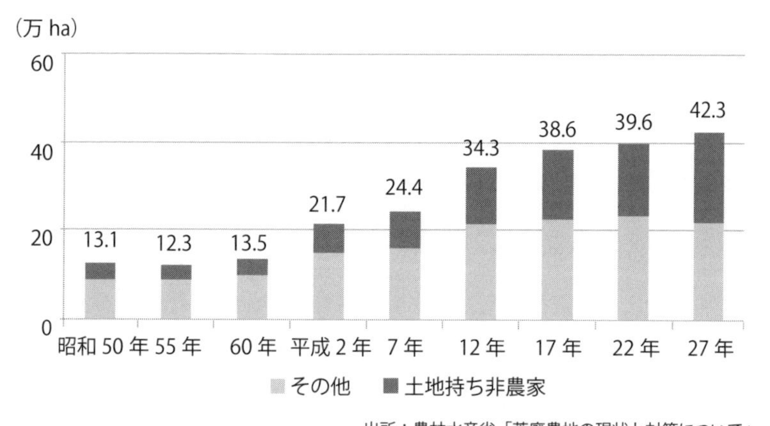

出所：農林水産省「荒廃農地の現状と対策について」

図表1-1-2　耕作放棄地面積の推移

買い上げによる臨時収入に期待する向きも少なくなかった。保有コストが低く、臨時収入のチャンスがある農地には、農業はしないがひとまず保有し続けよう、という意識が働くのである。

耕作放棄地の解消に向け、農林水産省は目玉政策として農地バンク（農地中間管理機構）を立ち上げ、所有者と利用者のマッチングを進めているが、残念ながら今のところ不発に終わっている。農地バンクの2015年度の農地貸し出し面積は7万7,000ha（ヘクタール）で、目標の6割ほどにとどまっている。農地バンクの不振の背景には、「アメとムチ」のムチがないままの農地政策がある。農地を貸すことに対する助成、というアメが維持される半面、使わない農地に対するムチがなかったのである。最近になって、ようやく不使用の農地に対する課税強化の機運が高まってきた。農業法人や企業の農業参入といった受け皿作りも含めた政策全体の整合性が取れなければ効果は期待できないことが理解されるべきだ。

転換を求められる農業政策

苦境が続く日本農業にTPP（環太平洋パートナーシップ協定）という新たな黒船が襲来する。日本農業はグローバル化の波の中で生き抜く戦略が求められている。黒船がピンチとなるのか、はたまたチャンスとなるのかは、今後の対応いかんにかかっている。

日本農業が瀬戸際に追い込まれる中、これまでの補助金頼みの護送船団的な農業が存続不可能となっていることに異論はないだろう。戸別所得補償制度のように広く薄く補助金を給付するばら撒き型の保護ではなく、競争力を高める抜本的な施策が不可欠となっている。もはや日本農業は応急処置的な対症療法だけでは乗り切れない状況にあることを強く認識しなければならない。そこで求められるのが、抜本的な施策、すなわち規模拡大、法人化、先進技術導入、流通改革等による、新たな農業像の実現である。

逆境を背景としたTPP等の脅威は、日本農業の弱点を抜本的に解決する千載一遇の機会である。従来型の保護政策を減じ、法人経営と農業参入を軸にした儲かる農業への大胆な改革が必要である。ただし、日本農業全体の浮上には、北海道や干拓地等の広大な農地が確保できる地域だけでなく、中小規模の農地が分散する標準的な地域でも儲かる農業を実現することが欠かせない。瀬戸際まで追い込まれた現況を鑑みると、これから10年間が、ピンチをチャンスに変える逆転の発想で、日本農業を力強い産業に転換することができる最後の機会である。

では、どのようにしてピンチをチャンスに変えればよいか？ポイントは農業従事者の減少である（**図表1-1-3**）。これまで農業就業人口の減少は、日本農業の弱体化の象徴として、ネガティブに捉えられてきた。いま必要なのは、「農業就業人口の減少」を「一人当たりの農地・マーケット規模の拡大」というポジティブな要素に捉え直したたかさである。従来の日本農業の悲観論の矛盾は、「日本の農家一人当たりの農地面積の狭さ」と「農業就業人口の減少」を別々に捉えていた点にある。そこでは前述のような一人当たり農地の増加というチャンスの芽は表現されてこなかった。極論ではあるが、日本の農業就業人口は（本質的な）適正水準に収斂しつつあると言ってもいい。

単位：万人

	2010年	2011年	2012年	2013年	2014年	2015年	2016（概数値）
農業就業人口	260.6	260.1	251.4	239.0	226.6	209.7	192.2
うち女性	130.0	134.5	128.4	121.1	114.1	100.9	90.0
うち65歳以上	160.5	157.7	151.6	147.8	144.3	133.1	125.4
平均年齢	65.8	65.9	65.8	66.2	66.7	66.4	…

出所：農林水産省「農林業センサス」、「農業構造動態調査」

図表1-1-3　農業就業人口の現状

農業就業人口が一層減少していくこれからの時代、効率的な農法を導入し、農業従事者が一人で広い農地を扱うことができれば、収益性を大幅に向上できる。アメリカや豪州のような大規模農業には及ばないが、平均営農面積数十haの欧州農業に肩を並べることは可能だ。さらに、日本農業の強みである「高品質」を維持すれば、高収入の農業モデルが実現する。農地余りは、これから農業ビジネスを始める企業・法人にとって、農地を借りやすくなる、という追い風にすることができる。一人当たり農地面積の増加がチャンスであることについて農林水産省等は明言してこなかったが、耕作放棄地の増加は企業の農業参入のための規制緩和の直接要因となった。農家の高齢化に伴う農業従事者の転換についても目立たない形で地ならしが進んでいる。

生産規模拡大の議論は何度も繰り返されてきたが、戦後の日本農業を支えてきた零細農家の切り捨てと結びつき、変革を難しくしてきた。しかし、既に高齢農家の一部は、体力の限界に苦しみながらも農産物供給に対する強い責任感から何とか農業を継続している状況である。10年前と異なり、零細農家の切り捨てではなく、高齢による自然退出という形で余剰農地が発生する機会が訪れている。農家側からの反発が少ない形で日本農業の産業化を推し進める最後のチャンスなのだ。

日本農業の何が悪いのか

日本農業の根本的な課題の一つは、ビジネスとしての魅力に乏しいことである。魅力のない産業にヒト・モノ・カネは集まらない。

世の中の農業への関心が高いにもかかわらず、農業にヒトが集まらないのは、所得が低く、作業がきついからである。農林水産省の統計を見ると、農業従事者一人当たりの所得（兼業での所得や年金を除く）は、地域差はあるものの、概ね200～300万円しかない。低迷しているといわれるサラリーマンの平均所得400万円超と比べても大きく見劣りする。この所得水準である程度のレベルの生活が成り立つのは、農業所得以外に年金収入のある高齢者か片手間で農業を行う兼業農家くらいである。いくら農業への関心が高まっても、この所得水準で優秀な人材を引き付けることはできない。

日本の農業経営について、主要品目を対象に統計データを基に詳しく見てみよう。各品目に関して、個人経営・家族経営に関する統計を用いる（データは原則として2014年）。（**図表1-1-4～7**）

コメの栽培を中心とした水田作では、営農面積1.0～2.0ha（全体平均は1.7ha）の農家の場合、農業従事者一人当たりの農業所得は、なんと58千円に過ぎない。補助金無しでは所得とは言えないような収入の水田作が日本の中心なのである。一方で、東北や北陸の一部の大規模稲作農家のように、20ha以上の営農面積を確保できる場合、一人当たりの所得はサラリーマン並みとなる。家族単位では10,000千円超の所得が実

色塗り部分は、一人当たり農業所得が400万円超

区　分	農業所得			収益性	
	粗収益	経営費	所　得	農業経営関与者一人当たり農業所得	自営農業労働１時間当たり付加価値額
	千円／年	千円／年	千円／年	千円／年	円
全国平均【1.7ha】	2,223	1,951	272	137	444
0.5ha 未満	506	660	△154	nc	nc
0.5～1.0	1,077	1,179	△102	nc	nc
1.0～2.0	1,863	1,747	116	58	183
2.0～3.0	3,060	2,723	337	166	358
3.0～5.0	5,261	4,069	1,192	565	816
5.0～7.0	7,626	5,746	1,880	874	1,114
7.0～10.0	12,052	8,423	3,629	1,620	1,718
10.0～15.0	16,797	12,348	4,449	1,943	1,673
15.0～20.0	24,932	18,324	6,608	2,494	2,032
20.0ha 以上	35,355	24,484	10,871	4,181	3,265

出所：農林水産省「営農類型別経営統計（個別経営）」より筆者作成

図表1-1-4　水田作の所得水準　【コメ＋α】

現する。また作業時間が短いため、時給換算の収益性が高いのが水田作の特徴である。野菜の栽培と比べて、格段に手がかからないのが水田作でもある。

続いて、露地栽培の野菜を見てみよう。露地での野菜作の平均営農面積は約1haだが、7haを超える規模になるとサラリーマン並みの所得を確保できる。しかし、露地栽培での野菜作りは作業時間が長いため、時給換算では非効率的となる。「露地栽培は忙しい」ことは統計でも顕著となっている。

色塗り部分は、一人当たり農業所得が400万円超

区分	農業所得			収益性	
	粗収益	経営費	所得	農業経営関与者一人当たり農業所得	自営農業労働1時間当たり付加価値額
	千円/年	千円/年	千円/年	千円/年	円
全国平均【0.98ha】	5,195	3,336	1,859	834	671
0.5ha 未満	2,137	1,519	618	303	320
0.5 ～ 1.0	4,239	2,707	1,532	684	510
1.0 ～ 2.0	7,869	4,769	3,100	1,303	802
2.0 ～ 3.0	11,859	6,819	5,040	1,813	1,066
3.0 ～ 5.0	17,768	11,222	6,546	2,265	1,240
5.0 ～ 7.0	26,390	18,227	8,163	3,046	1,302
7.0ha 以上	40,929	26,134	14,795	4,851	2,234

出所：農林水産省「営農類型別経営統計（個別経営）」より筆者作成

図表1-1-5　露地栽培野菜の所得水準

温室栽培を始めとした施設栽培の野菜については、面積ベースの規模が他の栽培方法と大きく異なり、平均約4,000m^2（0.4ha）程度である。施設園芸は高収益なイメージがあるが、実は家族経営の施設園芸では、2haを超える規模でも十分な所得水準に届かない。粗収益は規模に比例

しておらず、規模が拡大するほど、面積当たりの粗収益が低下している点が課題となっている。これは面積が広がると、手のかかる高価格の作物を作れないことを示唆している。これらの課題については別途3章で詳しく分析する。一方、数haの規模で事業展開する法人経営・企業経営の施設園芸（植物工場を含む）では高い収益が上がっている。手のかかる施設園芸では家族経営と法人経営で生産方式が全く別物になっていることがうかがえる。

色塗り部分は、一人当たり農業所得が400万円超

区分	農業所得			収益性	
	粗収益	経営費	所得	農業経営関与者一人当たり農業所得	自営農業労働１時間当たり付加価値額
	千円/年	千円/年	千円/年	千円/年	円
全国平均【4,260m²】	11,284	7,046	4,238	1,675	938
2,000㎡未満	5,196	3,139	2,057	939	692
2,000～3,000	9,666	6,289	3,377	1,431	789
3,000～5,000	14,413	8,653	5,760	2,050	1,067
5,000～10,000	16,595	10,418	6,177	1,967	925
10,000～20,000	26,668	17,114	9,554	3,317	1,387
20,000㎡以上	33,161	20,234	12,927	3,513	1,461

出所：農林水産省「営農類型別経営統計（個別経営）」より筆者作成

図表1-1-6　施設栽培野菜の所得水準

地域別に見ると、北海道の畑作は収益性が高い。平均営農面積は約25haとなっており、30ha～40haの農家では、農業従事者一人当たりの所得が4,690千円となっている。40haを超えると一人当たり農業所得は7,000千円、世帯での農業所得は20,000千円を超え、「農業で儲ける」ことが現実となっている。

こうした所得の問題に加え、若者が就農しない理由に3K（危険、汚

色塗り部分は、一人当たり農業所得が400万円超

区分	農業所得			収益性	
	粗収益	経営費	所得	農業経営関与者一人当たり農業所得	自営農業労働1時間当たり付加価値額
	千円/年	千円/年	千円/年	千円/年	円
全国平均【25.2ha】	31,687	21,571	10,116	3,861	3,048
5.0ha未満	2,620	2,162	458	229	429
5.0～10.0	15,152	10,845	4,307	1,873	1,715
10.0～20.0	20,893	14,378	6,515	2,726	2,272
20.0～30.0	30,842	21,147	9,695	3,525	2,691
30.0～40.0	42,388	28,740	13,648	4,690	3,638
40.0ha以上	64,617	43,092	21,525	7,104	4,267

出所：農林水産省「営農類型別経営統計（個別経営)」より筆者作成

図表1-1-7　畑作の所得水準　【豆・イモ・茶・サトウキビ等、北海道のみ】

い、きつい）が挙げられる。栽培する作物にもよるが、炎天下で早朝から日没まで農作業を行うことも決して珍しくない。重たい物の持ち運びや中腰での作業等、身体的な負担も大きい。農機の事故や熱中症等も後を絶たない。農業に興味を持つ若者が就農トレーニングをしても、多くが挫折し、都市部に戻ってしまう。職業の選択肢が多岐に渡る現在、敢えてこのような職業を選ぶ若者は少ない。過酷な農作業を長年にわたって続け、日本の食卓を支えてくれた高齢農家の方々にはいくら感謝してもしきれない想いだ。

日本農業を救う「皆が儲かる農業」

農業の持続性を担保するには、農業の従事者全員（経営者だけでなく）が一般製造業並みの所得を得られる魅力的な産業にすればいい。現にオランダは、施設園芸に特化した特殊事例ではあるものの、農業従事

者の給与は他産業とそん色ない水準を確保している。農業の所得水準向上は夢物語ではないのだ。これからは人手不足の時代が続く。収入を製造業並みにすることを目標とした上で、農業の持つ「自然とのふれあい」や「田舎暮らし」といった魅力を付加するという順序を明示することが若者を引き付けるための要点だ。

そこに向けた課題を解決するために必要なことは二つある。

一つ目が、農家の法人化や企業の農業参入をさらに推し進め、個人営農から法人営農へシフトして、新規就農人材の受け皿を作ることである。これにより、農業を始めたい若者やＵターン・Ｉターン人材にとって、独力で農業ビジネスを立ち上げるのではなく、農業企業へ就職するという道が開ける。ゼロから個人農家を始めるのは、資金負担の面でもリスク面でも、ベンチャー企業を立ち上げるのと同じように厳しいものである。農業法人・企業への就職を主軸とすることで農業に携わる際のハードルはかなり低くなる。

二つ目は、これらの農業法人や農業参入企業が儲かる構造を作ることである。そのためには、「細かく分散された農地」、「過大な投資」、「低生産性」、「天候リスク」、「重労働」といった日本農業の根本的課題の解決が求められる。

日本農業が抱える課題は、単に農業法人化や農業参入を促進すれば解決できるものではない。儲かる農業の実現には、少ない人数で高品質なものを効率的に生産する革新的な農業モデルを作り上げなければならない。

これらの課題の具体的な解決策については、2章以降で掘り下げていくことにしよう。

2

加速する企業の農業参入

家族経営から法人経営へのシフト

長期的な衰退トレンドが続く日本農業だが、近年新たな可能性の芽が育ちつつある。農業の新たなプレイヤーの出現である。戦後長きにわたり、日本農業は個人経営や家族経営の中小規模の農家が中心となってきた。しかし、今世紀に入ってから農業の収益性向上が重要な政策として掲げられるようになり、法人化や規制緩和が進み、農業法人や農業参入企業が新たなプレイヤーとして台頭してきた。農業を営む法人は増加し続けており、日本農業の中核的な担い手となりつつある。

ここで農業法人の定義と分類を整理しよう。農業を行う組織の呼称は

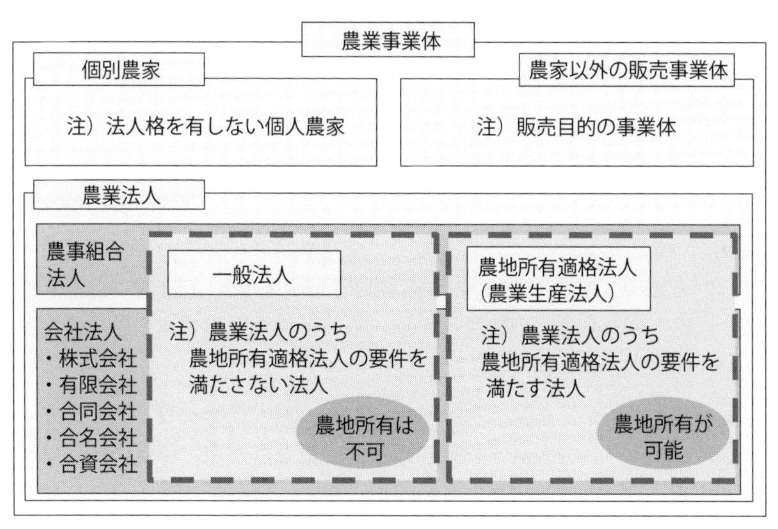

出所：農林水産省資料等を基に筆者作成

図表 1-2-1　農業法人の分類

数多くあるため、混同しないようにする必要がある。**図表1-2-1**に示す通り、農業法人とは農業を行う法人の総称である。農地の所有の可否によって、農地所有適格法人（旧呼称・農業生産法人）と一般法人に分けられる。農地の所有は農地所有適格法人だけに認められている。農地所有適格法人は農地所有ができる代わりに、いくつかの要件が課されている。資本力に富む企業や資本家による農地の独占を防ぐことが主な目的である。

一方で、農業法人の法人格には農事組合法人と会社法人の2種がある。農事組合法人とは、農業協同組合法に基づいて設立される「組合員の農業生産についての協業を図ることによりその共同の利益を増進することを目的とする」法人のことである。また、会社法人には、株式会社、有限会社、合同会社、合名会社、合資会社がある（旧会社法の分類を含む）。

農林水産省の農林業センサスなどの統計データによると、一戸一法人（販売農家のうち農業経営を法人化しているもの）を含まない農業法人数は、2000年時点では約5,000だったが、2015年には約19,000とおよそ4倍になっている。この15年間で急速に農業の法人化が普及したことが分かる（**図表1-2-2**）。

これまで日本の農業の中核を担ってきた個人経営・家族経営の農家は高齢化や後継者不足が深刻で、全国で耕作放棄地が急増している。さらに、今後10年で顕在化する耕作放棄地予備軍も多い。複数の農家が集まって基礎体力を高めた農業法人は、そのような余剰農地の受け皿になることが期待されている。

規制緩和のテーマとなった農業法人だが、個人農家と対立的な位置にある訳ではない。個人農家や家族農家が農業を取り巻く環境の変化に合わせて法人となったケースも多い。個人経営に比べて、資金調達や雇用が容易で、事業規模を拡大し易いからだ。最近では、事業規模が10億円を超える農業法人も増えている。

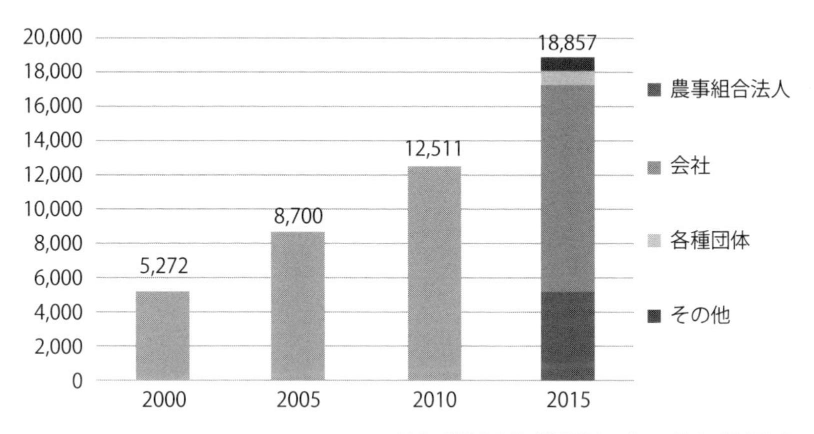

出所：農林水産省「農林業センサス」等より筆者作成

図表1-2-2　農業法人数の推移

農業参入という新たな波

企業の農業への関心が高まったこともあり、異業種からの参入が急増している。2015年12月時点で2,000社（NPO等を含む）を超える企業等が農業参入を果たしている（**図表1-2-3**）。全国的に知名度の高い大企業の参入も多く、カゴメ、イトーヨーカ堂（セブン＆アイ）、イオン、ローソン、モスフードといった農産物を扱う企業だけでなく、鉄道事業者、ゼネコン、家電メーカー等からの参入も相次いでいる。

サプライチェーンの垂直統合型の代表例が、セブン＆アイのセブンファームである。セブンファームは、食品リサイクル法の改正を契機に立ち上げられた。イトーヨーカ堂等の店舗で発生した野菜くず等を、提携する処理事業者にて肥料化し、それをセブンファームが購入して農産物を栽培し、再び野菜としてイトーヨーカ堂等の店舗に戻ってくるという循環システムを作っている。

セブンファームは、イトーヨーカ堂の子会社で農業事業を統括する株

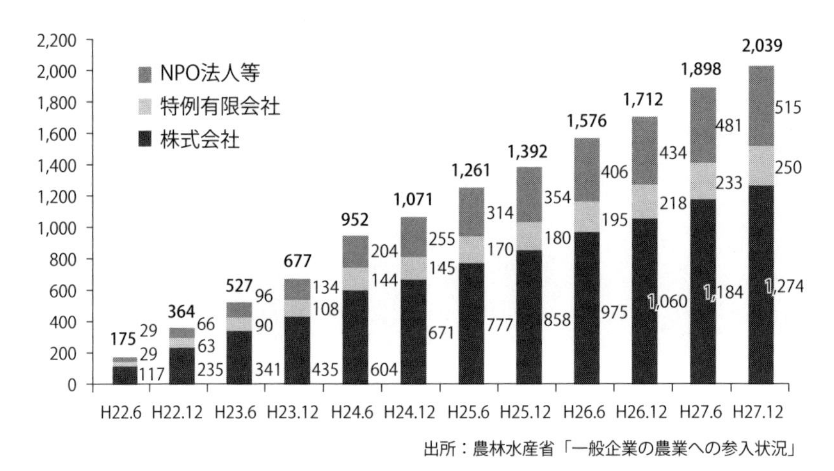

出所：農林水産省「一般企業の農業への参入状況」

図表１-２-３　農業参入した一般法人数の推移

式会社セブンファームと、全国に設立した「セブンファーム○○」（○○の中は地域名。富里、つくば、三浦、深谷、北海道、東海、東京、新潟、湘南、銚子、新潟市の11カ所）の2段構えで構成されている。環境にやさしく、安心・安全に配慮して育てた野菜は、イトーヨーカ堂の青果物全体の評価の引き上げに効果を発揮した。

異業種からの参入では、鉄道事業者の活躍が目立つ。鉄道事業者はグループ内で旅客、貨物、観光、小売、外食、ホテル等の多彩な事業を展開しており、農業との親和性が高い。その先駆者がJR九州だ。JR九州はJR九州ファーム株式会社を設立し、単独で栽培を続けられなくなった地元農家と連携し、九州各地で農業参入を果たしてきた。農家との共存共栄モデルといえる。

JR九州は、大分県の大分事業所（10.7ha）ではニラ・甘夏・サツマイモ、熊本県の玉名事業所（3ha）ではミニトマト、熊本県の宇土事業所（3.1ha）では温州ミカン・デコポン・ネーブル、宮崎県の新富事業所（2ha）ではピーマン、長崎県内の農場（5.2ha）ではアスパラガスとブロッコリー、そして福岡県の飯塚事業所では鶏卵、と九州全土で多種多様な品目を生産している。事業拡大が地域貢献の拡大につながるとの考えのもと、売上100億円という意欲的な目標を掲げている点が高く評価されている。

JR東日本は、福島県いわき市で、地元の農業法人である「とまとランドいわき」と共同で新たに「JRとまとランドいわきファーム」を設立し、太陽光型植物工場を用いて高品質なトマトの栽培を始めた。さらに、新潟県では地元農家と連携して酒米栽培に乗り出しており、農業参入の動きを広げている。

植物工場分野（人工光型、太陽光型）では家電メーカーやSIerの活躍が目覚ましい。パナソニックは自社内の空調、照明、データ解析等のノウハウを総動員し、効率的な人工光型植物工場を完成させた。LEDの採用や制御の最適化といった工夫により、従来の蛍光灯型植物工場と比べて消費電力を約60％削減することに成功したという。パナソニックは福島県内で植物工場による農業参入を果たすとともに、シンガポールでも植物工場によるレタス栽培を始めており、国内外で横展開が期待されている。

富士通の植物工場も注目度が高い。富士通は福島県の会津若松にて「会津若松Akisaiやさい工場」を立ち上げ、低カリウムレタス等の葉菜類を栽培し、「キレイヤサイ」という独自ブランドを付与して販売している。こちらも、本業で培ったICTのノウハウや生産管理技術をうまく活用した事例である。

海外に目をやると、シャープが中東のUAE・ドバイで人工光型植物工場によるイチゴ栽培の実証を行い、その後商業栽培への移行に成功している。

植物工場については他にも東芝等の家電メーカー、大林組や清水建設等のゼネコン、大気社、日揮、JFEエンジニアリングといったエンジニアリング企業等も独自の事業を展開している。さらに植物工場ベンチャーも台頭しており、農業ビジネスの激選区となりつつある。

このように、業種・分野を問わず、農業に対する企業の関心は高く、意識の高い経営者にとって農業参入を視野に入れることは今や「当たり前」となっている。

農業参入を推進する規制緩和

企業の農業参入を推進するため、農林水産省は2000年以降、農地法を始めとするさまざまな法律に関わる規制緩和を進めてきた（**図表1-2-4**）。日本で企業の参入が認められたのは2000年である。まず、2000年の農地法改正において株式会社形態の農業生産法人（農地所有適格法人）が認められるようになった。加えて、2002年にリース方式（農地の賃借）による一般法人の農業参入が解禁された。

規制緩和当初は、農地法の規定により、一般法人（企業）は農地所有が可能な農業生産法人に対して、議決権ベースで10％までしか出資が

	現行の規制	規制緩和策
出資要件	議決権ベースで農業関係者（農業の常時従事者、農地の権利提供者、地方公共団体等）が4分の3以上、農業関係者以外は4分の1以下まで。（特例で50％未満まで）	農業関係者以外の出資比率が50％未満まで可能に。
役員要件	農業生産法人（現・農地所有適格法人）の役員は過半が農業（販売・加工を含む）の常時従事者（原則年間150日以上）、そのうち過半が農作業に従事（原則年間60日以上）	農作業に従事する役員は1名以上。（常時従事者規定は変更なし）

出所：筆者作成

図表1-2-4　規制緩和のポイント

認められていなかった。その後複数回の規制緩和を経て、2009年の農地法改正により、①一般法人でも農地貸借（リース方式）であれば参入地域の規制なし、②農業生産法人への出資について、1構成員当たりの出資上限が1/10から1/4以下（関連事業者は1/2未満）まで拡大、③農地貸借期間の上限を20年から50年間に延長、といった緩和が行われ、企業が長期的な視点で農業に関わりやすくなった。

直近の2015年の農地法改正では、「農業の成長産業化」という旗の下で更なる規制緩和が実施された。一般法人の議決権ベースの出資比率は50％未満にまで引き上げられた。また、時に「素人が農作業を行わないといけない」状況を引き起こしていた役員要件について、企業側から送り込まれる人数の下限が緩和された。農作業に従事する役員は1名以上でよくなった上、企業側の役員は必ずしも農作業に従事しなくてよいことになり、「餅は餅屋」で企画・営業・6次産業化事業といった得意分野に専念することが可能となった。2015年の農地法改正の概要は以下の通りである。

【主な要件】

✓法人の営む主たる事業が農業であること（売上高の過半が農業（販売・加工等を含む）であること）

✓法人格は、株式会社（非公開会社に限る）、持分会社、農事組合法人

✓農業関係者以外の者の総議決権が2分の1未満であること

✓役員の過半が農業（販売・加工を含む）の常時従事者であること。かつ、役員又は重要な使用人（農場長等）のうち、1人以上 が農作業に従事していること

法人化・農業参入のメリット

農業の法人化で事業規模を拡大すると、農業経営の大幅な効率化が可

能になる。日本の農地の多くは分割相続等の影響で細かく分散しているが、農業法人が集約栽培することで作業効率の格段の向上が期待される。営農規模が1haから5～10haに増えるまでは、かなりのスケールメリットが働く。

農地集約による農機の稼働率向上も収益向上に大きく貢献する。小規模な農家では、多額の資金を投入して購入した農機も、農地が狭いため年間稼働率はかなり低くなる。それが農産物1kgあたりの農機コストを押し上げ、収益低迷の大きな原因となっている。

資金調達力についても、家族経営農家に比べて豊富な資金を調達することができる。農業法人は個人農家よりも融資限度額が高い。日本政策金融公庫などが取り扱う農業経営基盤強化資金（スーパーＬ資金）の貸付限度額では、個人が3億円（複数部門経営は6億円）であるのに対して、農業法人では10億円まで枠が広がり、常時従事者数に応じて20億円まで限度額が拡大されることもある。豊富な資金を調達できれば、先進技術の導入等、効率化投資もやりやすくなる。

人材面での効果も大きい。農業法人では、社会保険、労働保険による従事者の福祉の増進、労働時間等の就業規則の整備、給与制等による就業条件の改善等、労働条件が向上し採用環境が格段に改善される。また、家族経営では、一人で栽培、販売、管理、経理等、何役もこなさなくてはならないが、法人経営では得意な業務に集中できるので、専門性も上がるし休暇も取り易い。さらに、法人経営では家族に後継者がいなくても、構成員、従業員の中から意欲的で優秀な人材を後継者に据えることができるため、農業の継続性が高まる。他にも、近年注目が高まっているＵターン、Ｉターン人材や新卒人材が農業の経営能力や農業技術を習得しやすいなどの効果がある。農業法人の人材吸収力は農業の基盤強化に大きな効果をもたらす。

農業参入の課題

ブームとも言える農業参入だが、必ずしも成功事例ばかりとはいえない。的確な事業戦略がなければ短期間で撤退の憂き目にあう可能性も低くないという点から目をそらしてはいけない。いくつかの失敗事例、苦戦事例を振り返ってみよう。

オムロンは農業参入のパイオニアとして、20億円以上を投資して大型ガラス温室を建設し、ハイテクを駆使した栽培を行った。農業新時代の幕開けとして色々なメディアでも取り上げられたが、栽培が目論見通り軌道に乗らず3年弱で撤退の憂き目にあった。技術の未成熟が失敗要因であった。

ユニクロの事例も有名である。ユニクロはかつて、農産物を扱う子会社を設立し、大型商業施設へ出店した。永田農法（給水を制限する農法）という有名な農法を導入して高品質な農産物を生産し、ユニクロのサプライチェーンマネジメントを活かした流通・販売を目論んだが、価格設定が高く販売が振るわなかった。ユニクロ式のサプライチェーンマネジメントが、鮮度劣化の激しい農産物ではうまく活用できないという問題もあり、1年半ほどで撤退に至った。

一方で、2010年代になって高糖度トマトや高リコピントマト（**注**）といった高付加価値トマトが急速に市民権を得たことや、ICTの発展により農産物でもサプライチェーンの管理がしやすくなったことを鑑みると、ごく短期で撤退、という経営判断は少し辛抱が足りなかったのかもしれない。

（注）高い抗酸化力を有するカルテノイドであるリコピンを通常よりも多く含有するトマト

農業にとってどうしても避けられないのが、天候リスクや災害リスクである。気候変動の影響で、日照不足、小雨、猛暑等による生育不良は毎年のように発生している。大規模災害が経営に深刻な影響をもたらすこともある。大型台風が来るたびに広い地域で大きな損害が発生し、東日本大震災時の津波は沿岸部の農業生産者（農家や農業法人の総称）に壊滅的な被害を与えた。太陽光型植物工場（ドームハウス）を展開する農業ベンチャーが山梨に開設した大規模農場が、想定外の積雪で潰れてしまったという例もある。天候リスクについては、気象データに連動するシステムが普及することで低減される側面と気候変動で拡大する側面がある。

これらの失敗事例を踏まえると、農業ビジネスにおいても、他の産業と同様に、収益の上がる事業モデルをしっかりと練った上で、堅実な事業体制を作り上げて十分な資金を調達し、販売先や事業パートナー等のステークホルダーとの関係を構築した上で、事業を始めることが不可欠といえる。

3

成功した農業企業家

高まる農業起業家の存在感

農業参入が続く中、年商10億円の壁を突破する農業法人が日本各地に生まれている（**図表1-3-1**）。中小規模の農家が低迷する一方で、10億円を超える事業規模を持ち、儲かる農業を実現した農業法人は地域の農業の新たな中核プレイヤーとして期待を集めている。

そうした農業法人からは年収数千万円を手にする経営者も出てきている。農業法人の経営者が、ベンチャー企業経営者と同等のステータスを得て、農業に若者の視線が集まるようになった。ついに、農業でも夢を見られる時代が到来した、とも言える。成功した農業ビジネスは世間の注目を集め、新規就農希望者を引き付けて農業への憧れを高め、経営者

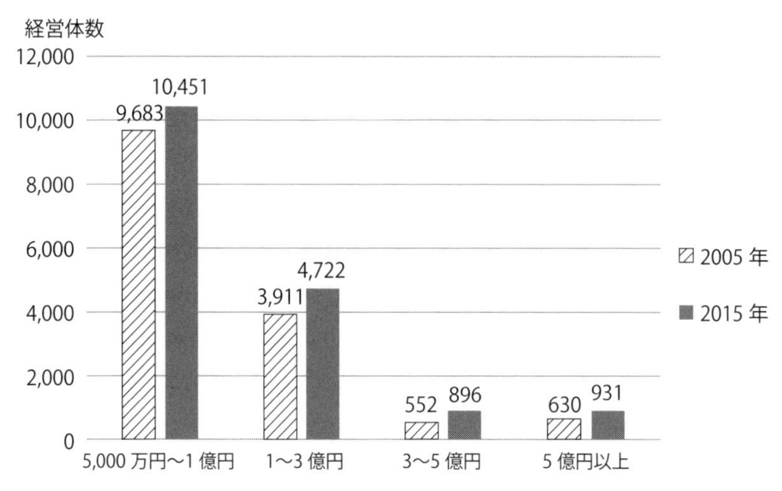

出所：2010 年、2015 年農林業センサスより筆者作成

図表 1-3-1　農産物販売金額規模別の経営体数

は地元の名士やベンチャー起業家のような憧れの存在となりうる。

成功した農業法人には、旧来の農業に捉われない独創的なビジネスモデルを展開しているところが少なくない。流通面では旧来型の農産物流通（農協⇒卸売市場ルート）に依存せず、自ら汗をかいてリスクを背負い、独自の販路を開拓したケースも多い。農業法人は消費者と直接結びつくことで、農産物のブランド価値を消費者に対して訴求しやすくなり、中間マージンも低下して高収益を実現できる。

ただし、消費者と直接結びつくダイレクト流通では、農協を経由した従来型流通のように、JAの規格に合致したものを作れば黙っていても売れる、という訳ではない。自ら販路開拓して優良な顧客を獲得し、魅力的な商品やアイデアを提示しなければならない。結果として、消費トレンドに敏感で、消費者が面白いと感じる仕掛けを積極的に打ち出せる農業法人が勝ち組となる。ダイレクト流通では、旧来の市場流通より農業者の実力がストレートに収入に反映される。成功した農業法人の経営者のトップに「アイデアマン型」が多いのは必然的な結果である。

このように農業者には、旧来の「農場長（＝農業生産のプロ)」としての立場から「経営者」に変わることができる素養や資質が求められるようになった。その分だけ、異業種のノウハウを農業分野に持ち込み成功する事例が増えている。実際に、農業法人の経営者の中には、異業種からの転職組も少なくない。

多角化や先進技術導入で躍進する農業法人

広島県に本社を置く村上農園は、スプラウト（発芽野菜）や豆苗の栽培を手掛ける法人である。村上農園はスプラウトの最大手であり、年間売上は58億9,900万円（2015年12月期）に上る。生産拠点が広島だけでなく、千葉、神奈川、静岡、山梨、三重、福岡、沖縄（合弁会社の沖縄村上農園）等、全国各地に広がる面的な供給体制が築かれている点が強みである。

同社の看板商品の一つである「ブロッコリースーパースプラウト」は、高い抗酸化力や解毒能力を有するスルフォラファンという機能性物質を豊富に含んでおり、機能性農産物の人気が高まる中でヒット商品となっている。

稲作では新潟県の穂海（ほうみ）が興味深い。米穀の集荷・販売等を担う「株式会社穂海」と水稲栽培を担う「有限会社穂海農耕」から構成されており、営農面積は約100ヘクタールに及ぶ。穂海のビジネスモデルの強みは、主食用から業務用まで幅広い品種の栽培を手掛けている点にある。代表的な品種であるコシヒカリやこしいぶきに加え、新潟次郎、みずほの輝き、みつひかり、そして酒米である五百万石まで、合わせて10品種以上を手掛けている。**図表1-3-2**のように、コメは品種ごとに田植えや収穫の時期が異なる。栽培特性の異なる多くの品種を栽培することで、労力がかかる田植えや刈り取りのタイミングを少しずつずらすことができる。単一品種だとこうした作業が一時期に集中するが、穂

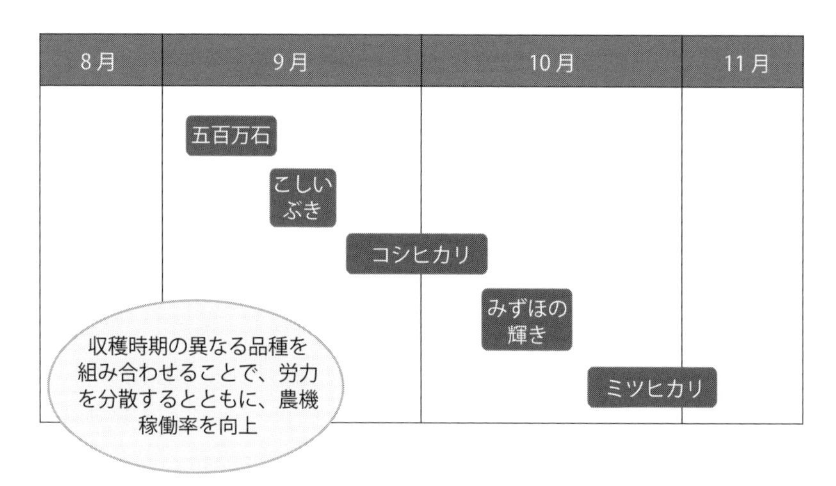

出所：穂海ウェブサイト、新潟県ウェブサイト、三井化学ウェブサイト等より筆者作成

図表1-3-2　コメの品種ごとの収穫時期（例）

海のビジネスモデルではピークが分散するため、一台の農機で栽培できる農地面積が単一品種モデルの数倍にもなる。

穂海のもう一つの特徴は、積極的に農作業受託を行っていることである。穂海では近隣農家から耕うん、代掻き、田植え、稲刈り等の作業を有償で受託している。これにより保有する農機の稼働率を高め、収益性を向上させている。自社のウェブサイトで保有する農機の一覧を公開している点も注目される。

福島県いわき市の「とまとランドいわき」は、2.5ヘクタールの太陽光型植物工場で栽培する高品質のトマトを中心に、パプリカ、いちじく、ブルーベリー、イチゴ等を生産する農業法人である。その品質は平成25年度農林水産祭天皇杯を受賞する等、高く評価されている。「とまとランドいわき」の特徴は、自社の強みを生かした事業の多角化にある。生鮮トマトの生産・販売に加え、トマトジュース、手作りトマトソース、トマトゼリー等の加工（加工委託を含む）・販売を行うことで、商品のラインナップを充実させて売上の底上げを図るとともに、規格外商品の有効活用にも成功している。

2014年にはJR東日本と共同出資で「株式会社JRとまとランドいわきファーム」を設立して2ヘクタール程度の太陽光型植物工場を立ち上げた。さらに、東北エア・ウォーター（エア・ウォーターグループ）と共同出資し、6次化ファンドのサブファンドの一つである「ふくしま地域産業6次化復興ファンド」からの出資も受け、6次産業ビジネスを手掛ける「ワンダーファーム」を設立している。ワンダーファームは直売所「森のマルシェ」、地産地消のビュッフェレストラン「森のキッチン」、トマト加工施設「森のあぐり工房」を運営しており、6次産業化のお手本といえる存在である。「ワンダーファーム」は、「とまとランドいわき」や「JRとまとランドいわき」と連携し、生産・加工・販売・観光を一体とした多角的な事業展開を実現している。

先進技術の導入については、宮城県亘理町の「農業生産法人GRA」

が意欲的である。東日本大震災からの復興事業の一環として先進的な栽培施設を整備し、被災地における雇用創出や産業振興に貢献している。GRAの温室には、環境制御システム、クラウン温度制御技術（注）、自動収穫ロボット、LED補光等の先進的な農業技術が導入されており、多くの研究機関と積極的に共同研究を行っている。

（注）クラウン温度制御技術：イチゴの成長点が集中しているクラウン部（根元部）の温度を冷水チューブでコントロールする技術。

GRAが生産した「ミガキイチゴ」は高品質なブランド商品として存在感を示している。首都圏のデパートでも人気を博しており、最も品質の高いミガキイチゴゴールドは、郵便局のふるさと小包で1箱3,200円（400g）で販売されているほどである。さらに、香港やシンガポールへの輸出や、インド・マハラシュトラ州での現地農場の立ち上げ等、グローバルマーケットを見据えた意欲的な事業を展開している点が特筆される。

大企業からの出資を受ける農業法人

熊本の「果実堂」はベビーリーフ栽培の大手である。商品は地元九州のみならず、東京の小売店でも幅広く取り扱われている。「果実堂」の特徴は、多くの異業種企業から出資を受けている点だ。主要株主には、三井物産、カゴメ、トヨタ自動車、エア・ウォーター、矢崎総業、富士通九州システムズ等、錚々たる顔ぶれが並ぶ。これらの企業の多くは出資するだけでなく、自社の商品、サービス、ノウハウを提供し、果実堂の競争力向上に貢献している。そうした提携の効果もあり、果実堂のベビーリーフ栽培ではICTが有効活用されている。日々の気候条件、水質、土壌、肥料などのデータを収集・解析し、農作業の経験や勘をすべてデータベース化することで、最適な栽培技術を確立した。

神奈川県の「グランパ」は、独自のドームハウス型植物工場を展開する法人である。神奈川と岩手の直営工場、及び山梨、群馬、福島、千葉、三重、岡山の提携農場で複数のリーフレタス、サラダクレソン、ホワイトセロリ等を生産しており、年間売上（2013年）は13億円を超える。「グランパ」には日揮、カゴメ、日立等が出資しており、資本金は6億円を超える。農業法人としてはかなり大きな規模である。

株式上場を果たす企業も出現している。2001年に設立された育苗大手の愛媛の「ベルグアース」は、研究開発に力を入れることで効率的な育苗システムを確立し、苗の生産量日本一となった。事業拡大に伴い、2011年にJASDAQに上場し、農業界で高い注目を集めた。ベルグアースは技術開発や人材育成に力を入れて法人としての基礎体力を高めるとともに、中国の青島（チンタオ）に子会社を設立し、海外の需要にも応えている。

農業ビジネスの成功者が政策を動かす

成功事例を見ると、農業においても経営者の能力が事業の成否を左右する時代になったことがわかる。こうした流れを受け、保護色の強かった日本の農業政策も、2010年以降は農業の産業化、ビジネス化の方向性を強めている。農業ビジネスで成功した先駆者が国や自治体の委員会で有識者委員を務め、自らの成功体験・成功モデルを披露し、制度上の課題を指摘することを通して、政策立案に好影響を与えるようになっている。

IT業界でベンチャー企業が多く生まれ、業界に変化を促したのと同じ様に、農業でも経営力に富む、志の高い経営者が変革の流れを生み出している。

低空飛行が続く農業従事者の所得水準

農業ビジネスで成功した農業経営者が数多く誕生する一方で、一部の例外を除いて、農業従事者の所得水準は低いままであることが多い。現場で働く側から見ると、農業はいまだ収入面での魅力が少ない産業に留まっている。前述の「ベルグアース」のように、研究開発に力を入れて大学院卒の研究職のような高度人材を引き付けている優良な法人はわずかである。

その原因は、農業従事者に十分な給料を払えない農業の収益構造にある。農業の典型的な収益構造については後段で詳しく述べるが、人件費に対する売上が低いことが最も大きな原因である。農作業の仕組みを抜本的に変えない限り、現場の従業員に十分な給与を支払うだけの利益を稼げるケースは少ない。農業参入した企業の一部からは農作業を担当している正社員の給与が収益を圧迫し、農業ビジネスからの撤退を検討せざるを得ない、との声も聞こえる。

農業の収益構造の背景には、家族経営が主体だったため、家族労働力がコストと見なされてこなかった歴史がある。本人や家族の人件費はコストに計上されず、売上（農業粗収益）から費用（農業経営費）を引いた農業所得が家計に入る、という考え方である。農林水産省の家族経営農家の統計にも、農業に従事している家族の人件費という費目は存在しない。農期が終わった後、その年の出来高によって人件費（収入）が後付けで決まる、という業界慣習は、従業員に対して約束された給与を払う一般企業の常識と対極の構造にある。

企業経営型の農業において、農業従事者がどの程度の収入を得ているかを見てみよう。農業に新規参入した企業が多く手掛ける植物工場を例にとると、1日に数千株～1万株のリーフレタスを生産する植物工場では、数名の経営層・管理層と、数十人の作業者が従事していることが多い。一般的なケースでは、経営層・管理層の収入は正社員で他産業並みの水準だが、農業従事者のほとんどはパートタイマーで時給1,000円程度となっている。パートタイムの収入としては他産業と同水準であり、求職の少ない地方部では歓迎されているものの、それだけで家族の生活を支えられる水準とはいいがたい。

このような現状を捉えて、農業参入や農業法人化を「新たな地主制度」と批判するのは大げさすぎるが、農業の現場で低賃金労働が続いていることは否定できない。国や地方自治体が主導する先進的な農業の実証事業でも、農業従事者の所得目標は300万円程度にとどまっていることが多い。これでは兼業や年金収入を頼る、経済的に自立できない農業従事者を前提にしていることになる。

全産業向けの雇用政策で、非正規社員から正社員への転換が政策目標に掲げられている中で、農業だけがパートタイマーや家族労働力に依存していることは問題である。少数の経営者と多数の低賃金なパートタイマーという構造を変えられないうちは、日本の農業は魅力的な職業にはなり得ない。新たなビジネスモデルや最新技術を導入しても、こうした農業の根本的課題は解決しなければ、優秀な人材を集めることはできないのである。

今、農業に求められているのは、経営者だけでなく、農業従事者全員が他産業並みの所得水準を得られる新たな産業構造を作り上げることである。

第2章

IoT 化する農業

1

農業IoTの分類

IoT時代の幕開け

1990年代にインターネットが登場して以来、ICT（Information and Communication Technology、情報通信技術）は飛躍的な進化を遂げた。この20年間に起こったのは、データ処理機能の高速化・大規模化、ネットワークの拡大、技術の精密化、通信や製品の多様化、等である。こうした技術があらゆる分野に浸透したため、コンピュータはメインフレームの処理機能が飛躍的に向上する一方で、ノートブック型パソコンが軽量化・高機能化し、タブレットPCのような新たな商品も生み出された。ノートブック型パソコンやタブレットPCは個人レベルまで広く普及した。（**図表2-1-1**）

通信技術の進化も目覚ましい。データ通信は年々高速化が図られ、デジタル技術を用いた携帯電話が従来の有線電話やアナログ電話に取って代り、2007年頃には、より多機能なスマートフォンへと進化した。スマートフォンは単なる通信端末ではなく、少し昔のパソコンを凌駕する

ICTの急速な発展	光接続や無線LANといったブロードバンドの普及
	電話はPHSから携帯電話を経て、スマートフォンが主流に
	パソコンはデスクトップ型からノート型、そしてタブレットPCにまで発展
	アプリケーションやデータ保存はクラウド化が進展
	通信機器やセンサーの小型化・低価格化

出所：筆者作成

図表2-1-1　ICTの急速な発展

ほどの情報処理能力を備えている。通話やメールといった通信機能に加え、カメラでの撮影、音楽や動画の再生、ワープロソフトや表計算ソフトの使用も可能な小型コンピュータである。

2000年前後になるとハードウェアの飛躍的な機能向上を受けて、ソフトウェアの爆発的な進化が始まる。あらゆるレベルで、OS（**注**）、ミドルウェア、アプリケーションが日進月歩で開発されるようになり、クラウドコンピューティングのような新たなサービスも生まれた。

技術開発史上稀に見る進化を遂げたハードウェア、ソフトウェアは、新たな処理対象となるデータを求め続けている。当初はシステムの供給者側が提供するデータが中心だったが、今やネットワーク利用者がネットワークに提供するデータの量がそれを上回ろうとしている。これらの膨大なデータを社会・経済の問題解決や、業務の付加価値向上に活かすビッグデータビジネスも台頭した。

ここに来て、新たな、そして、膨大なデータの提供者となりそうなのが、機械やインフラ、自然環境、あるいは人体などである。通信ネットワークの整備・強化に、センサーの性能向上や小型化、耐久性や経済性の飛躍的な向上が加わり、あらゆるものからデジタルデータを取得できるようになったからだ。

一方、機械やインフラの側は、インターネットの登場以前から制御機能の向上に力を入れており、ICTの進歩を取り入れてその勢いを増した。

このように、データ処理側の進化とハードウェア側の制御機能の進化が接合されることで生まれたのが広義のIoT（Internet of Things、モノのインターネット）ということができる。IoTは、コンピュータなどの情報・通信機器だけでなく、世の中に存在する様々な「モノ」に通信機能を付与し、インターネットへの接続、相互通信、自動認識、自動制御を可能とする。それにAI（人工知能、artificial intelligence）のような新世代のシステムが取り込まれると、機械を個別に制御していた時代とは次元の違う広がりを持つ制御システムが生まれる。

（注）OS：operating systemの略。コンピューターハードウェアと応用ソフトウェアの橋渡しを行う基本的なソフトウェア。

農業にも到達したIoT化の波

農業の現場でもICTの活用が進んでいる。農業では、農作業を担う設備・機器を動かしてこそ価値がある、ということもあり、IoTへの関心が高い。先行的に機械化が進んでいる分野では、他産業で開発された高度制御の技術が取り込まれ、植物工場や温室制御システム、自動運転農機（トラクター、コンバイン等）、農業ロボット、センサーデータや気象データ等、外部情報と連動した精密農業システム等の開発が進んだ。**（図表2-1-2）**

ただし、農業分野はエネルギー、自動車、医療等の他分野と比べて、

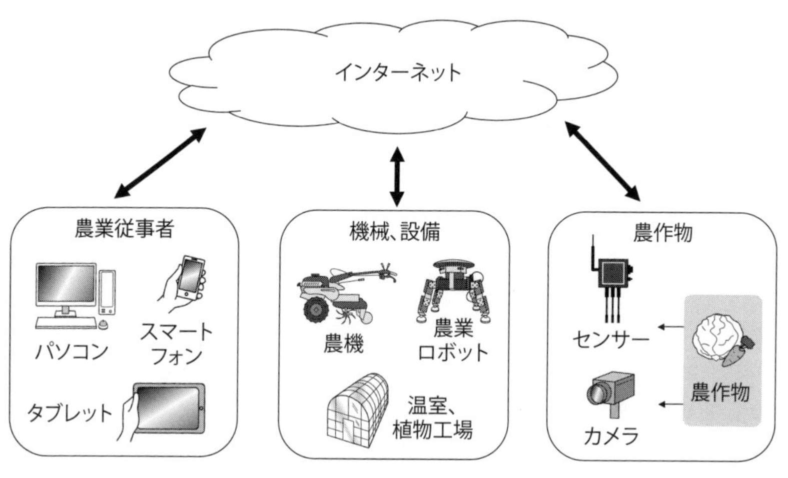

出所：筆者作成

図表2-1-2　農業IoTの概念図

IoT化のハードルが高い分野でもある。なぜなら、農業では他分野に比べて不安定なデータがIoTのシステムに取り込まれるからである。農作物自体が生体で不確定性がある上、土壌、天候などの変動要素が加わる、という農業特有の事業環境が理由である。植物工場は現段階で最も進んだ農業IoTと言えるが、システムとしていち早く完成したのは、農業の持つ不確定要素（外気、日照、土壌等）を人工的にシャットアウトないしは管理できたからである。

今のところ、農業IoTに関する技術は、様々な研究機関により同時並行でバラバラに開発が進められている。例えば、自動運転農機は農機メーカーが従来型農機の高度制御の延長線上で開発しているのに対し、農業ロボットはロボットの専門家が農業分野に専門技術を取り込むケースが目立つ。これまで農業分野との接点が少なかった工学系の大学や大学発ベンチャーによる研究開発が多い点も注目される。様々な分野の知見が農業分野に取り込まれるのは良いことだが、統一感のない開発により、互換性や相乗効果のない技術が乱立するリスクもある。現に、多くのSIer（システムインテグレーター）やベンチャー企業が取り組む生産管理システム（農業ICT）では、標準化されていない数多くのシステムが稼働するようになっている。

農業IoTの定義

安倍政権で農業が成長産業に位置づけられたことを受け、農林水産省を始めとする省庁が先進技術を使った農業の収益向上のための政策を打ち上げている。

その一環として、各省庁でICT／IoTを駆使したスマート農業、先進農業の政策が位置づけられている。農業技術の開発の旗振り役を担う農林水産省は、2013 年11月に「スマート農業の実現に向けた研究会」を立ち上げ、スマート農業の将来像と実現に向けたロードマップやスマート技術の農業現場への普及に向けた方策を検討してきた。また、2014

年には農林水産省が管轄する研究開発や実証事業の方向性を明確にするための研究戦略が策定・公表された。同戦略では、①農業が成長産業として魅力ある産業となるために必要な、多収量化や強みのある農産物生産などを実現する「収益力向上技術」や、②画期的で新しい農業スタイルの確立に必要な、これまでの常識を超える省力、大規模化や取り組みやすい農業などを実現する「生産流通システム革新技術」、等が重点技術に挙げられている。農業IoTやスマート農業の技術は、主に②の枠組みの中で推進されている。

また、2014年には首相官邸のIT総合戦略本部により、農業情報の相互運用性等の確保に資する標準化や情報の取扱いに関する「農業情報創成・流通促進戦略」が策定された。

加えて、2015年２月には安倍首相を本部長とする日本経済再生本部が日本の経済産業力強化のための「ロボット新戦略」を決定したことも、スマート農業の追い風となっている。ロボット新戦略では、実現のための三本柱として、①世界のロボットイノベーション拠点に、②世界一のロボット利活用社会（中小企業、農業、介護・医療、インフラ等）を、③IoT（Internet of Things）時代のロボットで世界をリード（ITと融合し、ビッグデータ、ネットワーク、人工知能を使いこなせるロボット へ）する、の3点が打ち出されており、農業分野も重要分野に位置付けられていることが分かる。

農林水産省が主導するスマート農業は、農業用ソフトウェア・アプリケーション（例：営農管理システム、農作業支援システム、流通管理システム等）と、自動運転農機や農業ロボット等のハードウェアの二つの要素で構成される。農林水産省では、スマート農業の目的及び目標として以下の5点を示している。このうち、①、③、④の3項目は農作業の効率化や労働力確保を主眼とし、②、④、⑤の3項目は収益向上・付加価値向上の観点からなる目標である。

農林水産省・スマート農業の実現に向けた研究会によるスマート農業の定義

① 超省力・大規模生産を実現
　✓ トラクター等の農業機械の自動走行の実現により、規模限界を打破
② 作物の能力を最大限に発揮
　✓ センシング技術や過去のデータを活用したきめ細やかな栽培（精密農業）により、従来にない多収・高品質生産を実現
③ きつい作業、危険な作業から解放
　✓ 収穫物の積み下ろし等重労働をアシストスーツ（注）により軽労化、負担の大きな畦畔等の除草作業を自動化
④ 誰もが取り組みやすい農業を実現
　✓ 農機の運転アシスト装置、栽培ノウハウのデータ化等により、経験の少ない労働力でも対処可能な環境を実現
⑤ 消費者・実需者に安心と信頼を提供
　✓ 生産情報のクラウドシステムによる提供等により、産地と消費者・実需者を直結

出所：農林水産省資料

（注）アシストスーツ：身体に装着することで農業従事者の動作を補助し、作業時に身体へかかる負担を軽減する機能を有する補助器具。果物や重量野菜の収穫、運搬作業等に活用されている。

農業IoTを後押しする政策

他分野でのICT／IoTの普及の恩恵（機能向上、低コスト化等）を受け、スマート農業技術の実用化が進んでいる。一部の技術については2017年から実用化フェーズに入ると言われている。2020年にはスマー

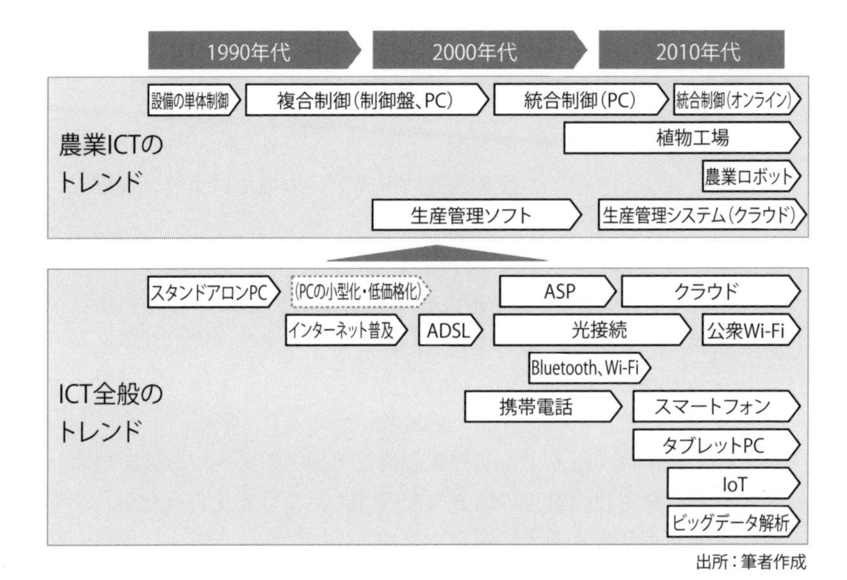

図表2-1-3　農業ICTの長期トレンド

ト農業の市場規模は約700億円まで拡大するとも指摘されており、日本農業の競争力強化の切り札としての期待も高まっている。スマート農業は儲かる農業を実現するだけでなく、IoT関連のノウハウを有するベンチャー企業やメーカーの新たなビジネスチャンスともなっていることが注目される。（**図表2-1-3**）

改めて、農林水産省を始めとした各省庁のスマート農業に関する政策について概観しよう。

スマート農業の推進を主管する農林水産省は、ロボット技術、ICTの活用による、超省力・高品質生産の実現を掲げている。農林水産技術会議が主体となり、前述の「『生産現場強化のための研究開発（農業・農村）』研究戦略」を策定し、農業生産者視点でのスマート農業のあり方、実用化の目標を明確化している。

研究・開発フェーズについては「委託プロジェクト研究」等が中心と

なり、実証・事業化フェーズでは「革新的技術緊急展開事業（ロボット革命実現化事業）」、「食料生産地域再生のための先端技術展開事業」、「ICTを活用したスマート農業導入実証・高度化事業」等により、農業ICT／IoTの実用化を推進している（既に終了している事業も含む）。例えば、「農林水産業におけるロボット技術開発実証事業」では協調運転トラクターやトマト収穫ロボットの開発・実証が進むなど、成果が徐々に出始めている。

内閣府は「戦略的イノベーション創造プログラム（SIP）」の重要テーマの一つとして「次世代農林水産業創造技術」を取り上げ、農林水産省と連携して農業ICT／IoTの研究・開発を進めている。SIPは自動車の自動走行等のテーマも扱っており、ロボット技術、ICT、ゲノム編集等の先端技術を活用し、環境と調和した超省力・高生産のスマート農業モデルの実現を目指している。稲作を中心とした水田作については、大規模農業生産者に対象を絞り、ロボット技術やICTによる農作業の自動化、それに合わせた新品種の開発を並行して進め、高収益な農業モデルの構築を目指している。一方で、施設園芸については、太陽光型植物工場に焦点を当て、ビッグデータを活用した栽培管理技術による高単収、高品質なトマト栽培を目標としている。

この他にも、総務省が「スマート・ジャパンICT戦略」の一環として、「ビッグデータ（スマート農業）実証事業」等、農業ICT／IoTの実証事業を展開し、ベンダーが独自に定める農業ICTの環境情報のデータ項目の標準化を検証している。

経済産業省は農商工連携の一環として、農業ICT／IoTの実証事業を進めており、特に植物工場の普及や、センシング技術やデータ分析技術の活用に力を入れている。

文部科学省関連では、日本学術振興会の科学研究費助成事業、科学技術振興機構（JST）の戦略的創造研究推進事業等が、大学や民間研究機関等の研究機関による農業ICT／IoTの研究開発を支援する役割を担っている。

このように、スマート農業に対する支援策は多岐に渡るが、実用化・商業化に向けたパイプラインをステップごとに整理すると、①基礎研究＝科研費等、②応用研究・開発＝農林水産省の委託プロジェクト研究や内閣府の戦略的イノベーション創造プログラム（SIP）、③実証＝農水省各種事業、となる。各省庁が連携することで、基礎研究から実証までがぶつ切りにならないように配慮されている。

省庁による積極的な支援は徐々に実を結び始めており、いくつかの農業IoTのシステムが商品化、実装に至っている。今後も2020年に向けて自動運転農機の商品化が進む等、さらなる成果が期待される。他方で、商品化・実証段階の技術に対して、ユーザーである農業従事者からは、使い勝手が悪い、コストが高い、作業精度が低い等の課題が指摘されており、実用化に向けてはさらなる研究開発が欠かせない。また、スマート農業の中核である自動運転農機では、散在する小規模分散型の日本の圃場には十分対応できない等、現状の研究開発を延長するだけでは日本農業全体の革新は難しい、という理解も重要だ。

2

事例紹介①：生産管理や環境制御のシステム化

実用化進む農業IoT

農林水産省を中心としたスマート農業の推進策により、様々なスマート化技術が開発されている。研究開発段階のものが多いが、一部は農業現場での試行、導入が始まっている。

現時点での最先端の農業IoT技術を把握するため、国内外の導入事例

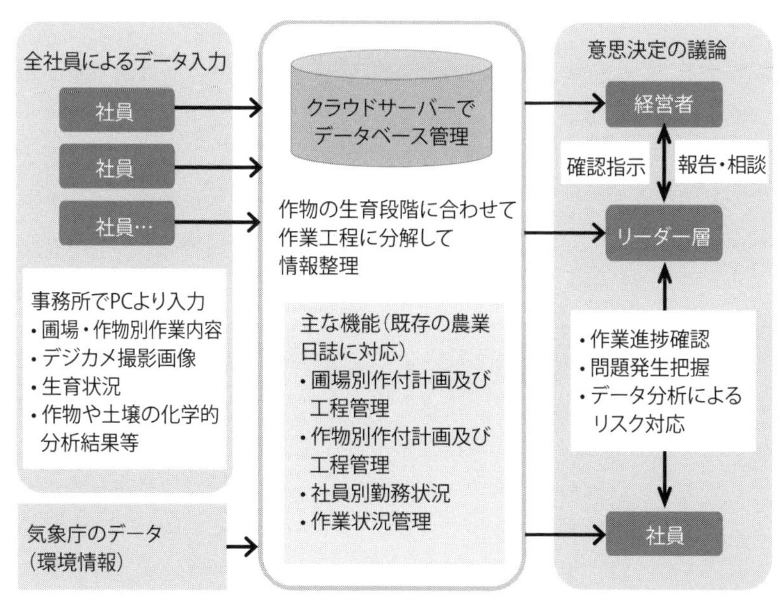

図表2-2-1　生産管理システムの概要

や実証事例を紹介する。まずは、先行して導入が進んでいる生産管理システムや環境制御システムを見てみよう。（**図表2-2-1**）

生産管理システム（農業ICT）

農業生産、資材管理、流通管理等については富士通やNECのような大手SIerからベンチャーまで、多くの企業がシステムを提供している。

農業生産では、中核となる栽培支援システムに加え、資材調達から農産物の販売管理までを管理するシステムも開発されている。こうしたシステムが連携されれば、個別の業務の枠を超えて、サプライチェーンの管理が可能となる。（**図表2-2-2**）

農業ICTの代表格が富士通である。富士通は大手農業法人の協力を得て、「食・農クラウド Akisai」を実用化し、農業法人や農家にサービスを提供している。静岡県に直営のAkisai農場を開設して自らシステムを実装し、機能向上に努めている。富士通のAkisaiは露地栽培、施設園芸に幅広く対応できるが、中でも、屋外の農地にセンサー（フィールドサーバ）を設置して管理できるのが特徴である。これにより、過去の栽培データから作付けに適したブロックを選び、農産物の品質をある程度予測できるという。こうした栽培支援システムに加え、経営管理システムや農業会計システムも合わせて提供していることが同社の強みとなっている。

農地管理では、土壌情報システムや圃場管理システムが開発されている。前者は土壌成分、堅さ、透水性等の土質を管理するシステム、後者は農地の区画割り、過去の栽培履歴、所有者や借地料等を管理するシステムである。これらのシステムを活用することで、圃場の特徴を踏まえた栽培計画を立案することができる。

栽培支援では、①センサー・カメラによる環境データ・画像の収集・気象予報等の外部データの取り込み、②農業従事者の手入力による作業履歴の管理、③収集データ及び履歴情報の見える化（遠隔モニタリン

農地・設備・調達	生産	流通	需要（小売・外食・加工）
土壌情報システム	生産管理システム	受発注システム	
圃場管理システム	GAP連動システム	代金決裁システム	受発注システム
資材調達システム	温室・植物工場制御システム（環境制御システム）	配送システム	売り場管理システム
資材管理システム（特に農薬）	作業自動化システム	トレーサビリティシステム	店舗管理システム
	収穫予測システム	産地証明システム（輸出）	工場管理システム
	圃場リモートセンシングシステム（露地栽培）		
	フィールドサーバシステム（露地栽培）		
経営管理・経理システム			

出所：筆者作成

図表2-2-2　サプライチェーンの視点からみた農業ICTの全体像

グ）、④データ分析（ビッグデータ解析等）による最適な栽培方法の決定、⑤機器・設備の自動制御、⑥農業従事者への作業指示、等の機能を備えたシステムが開発されている。こうしたシステムに、熟練者のノウハウがデータとして蓄積されていけば、経験の浅い農業従事者でも効率的で効果的な農作業が可能になる。

栽培支援システムでは、従来台帳で管理してきた農作業履歴を自動収集、もしくはスマートフォン等の携帯端末からリアルタイム入力により、クラウドシステムに蓄積することが可能となった。クラウド化により、従来より農作業履歴データの入力の手間がかなり省かれ、時系列間、圃場間の比較が行いやすくなった。一部では、人工知能の技術により作業マニュアルとセンサー情報や作業履歴を突き合わせて、適切な農作業を自動判別し、助言してくれるシステムも開発されている。

最近、生産段階では、栽培履歴や気象データを用いてビッグデータ解析を行い、農産物の収穫時期や収穫量を予測する「収穫予測システム」というサービスが注目を集めている。事前に収穫量と収穫時期が分かることにより、営業での機会損失や在庫ロスを減らすことができ、物流の効率化にも効果を発揮する。近年増加している契約栽培では、需要家側が事前に調達可能な農産物の量と時期を把握できることも強みとなる。このように農業ICTは生産だけでなく、流通や販売を含めたサプライチェーン全体に広がっている。

海外の営農支援ICTの事例

農業ICTは海外でも普及が進んでいる。アメリカ・ミシガン州のFarmlogs（ファームログス）社は2012年に衛星モニタリングを活用したシステムの提供を開始した。現在、全米50州、世界130カ国でサービスを提供しており、アメリカ国内の農家の20%以上が利用していると言われている。

Farmlogs社のサービスの中心は、栽培情報の記録及びマルチスペクトル衛星画像の分析である。システム上で、栽培エリアごとに栽培品目、作業内容、降水量、積算熱量、土壌条件、資材使用実績等を記録し、地図上に可視化することができる。このシステムとトラクターやコンバイン等の農機を接続すれば、作業履歴を自動的に記録することもできる。管理できるデータの充実度では日本の営農支援ICTと同等、もしくは多少見劣りするレベルだが、農機との連携が進んでいる点が注目される。

Farmlogs社は蓄積したデータを活用して、さまざまなソリューションを提供している。例えば、作業内容と栽培結果を突き合わせて分析することで、栽培ノウハウを見える化することができる。また、独自の指標を用いて作付日から収穫日を予測する、作付量、成長度、過去10年の天候データから肥料の将来的な必要量を成分ごとに算出する、といった機能も備えている。収穫予測は農作業や受発注のタイミングを決める重要な情報であり、日本でも気象データ等を踏まえた収穫予測システムが既に商用化されている。

Farmlogs社のサービスは、圃場のモニタリングにも効果的だ。過去5ヵ年の衛星データをベースに、異変が見られたエリアを5㎡の精度で示すこともできる。農地の見回りの労力を大きく減らせる機能だ。広大な農地を少人数で耕作するアメリカの農家にとって非常に有意義なサービスといえる。資材調達システムや在庫管理システムも備えており、営農活動全体を効率的に管理できるシステムとなっている。

環境制御技術

施設園芸では、栽培設備を自動制御し、温室内の環境を最適化する環境制御システムが実用化されている。

以前は、空調や養液供給など設備ごとに制御していたが、複数の機器を一つの制御盤やパソコン上のアプリケーションソフトで管理できるようになった。最近では、相互に影響する設備を統合的に制御するシステムも開発されている。例えば、カーテンを開けると日照で温度が上がるため冷房を強めにする等、複数の機能を統合した制御で栽培環境の最適化が図られる。このように環境制御システムは、「単体制御⇒複合制御⇒統合制御」という革新を遂げている。

センサーや通信機器のコストの高さも施設園芸の環境制御の課題となってきた。精度を多少犠牲にしてでも、少ないセンサーでできるだけ広い範囲をカバーする、という設計思想が見られた。しかし、ここ10年程度でセンサーやCPU等の価格が急激に低下し、温室内に多数のセンサーを配置し、無線LAN等でネットワークすることが可能となり、温室内でのIoT化が急速に進んでいる。

また、スマートフォンやタブレットPCのような可搬型情報端末が普及したことにより、農業従事者が施設内のセンサー情報を手元で閲覧したり、設備・機器を遠隔操作したりすることができるようになった。これも、携帯機器の急激な性能向上と価格低下がもたらした革新である。

環境制御がパッケージ化された植物工場

植物工場とは、光、温度、二酸化炭素濃度、風速、肥料濃度等の栽培環境を、人為的に最適化する施設であり、環境制御技術がパッケージ化され統合管理されている。（**図表2-2-3**）

植物工場には2つの種類があり、閉鎖空間で蛍光灯やLED等の人工照明により栽培する人工光型と、温室内で自然光中心により栽培する太陽光型／太陽光併用型に分けられる。両方式とも、環境制御技術により効率的かつ安定的な農産物栽培を実現する。植物工場では、光合成の効率向上と栽培期間の通年化により生産性が向上する上、日照不足・高温／低温障害・水不足・病害虫等の生産リスクをかなり低く抑えることが

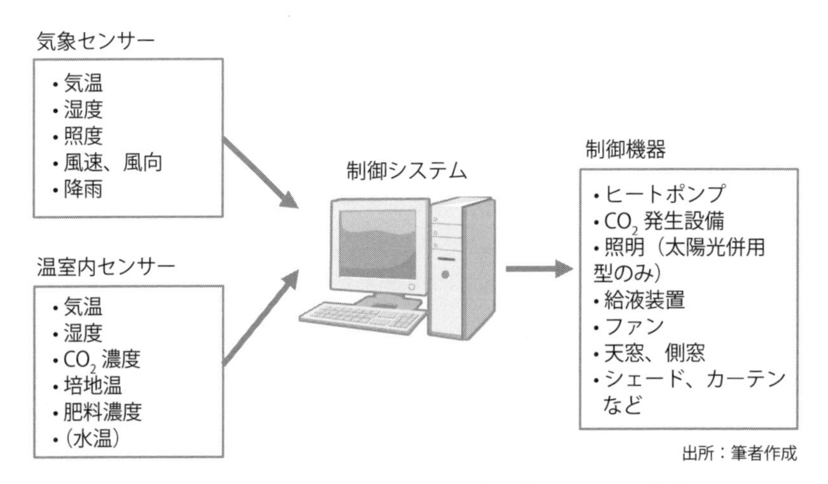

図表2-2-3　温室、植物工場の環境制御システム（例）

でき、面積当たりの生産量が飛躍的に向上する。植物工場レタスの場合、高回転率（年間の栽培回数）と栽培棚の多段化により、単位面積当たりの年間収量は露地栽培の約100倍にもなる。

高度な環境制御を行う植物工場は、食味や栄養素の面でもメリットがある。人為的に年中いつでも「旬」の状態を生み出せることにより、年間通じ安定して美味しい農産物を栽培することができる。水や塩類のストレスを計画的に与えることで農産物の糖度や機能性物質（例：抗酸化物質）の含有量を増やすノウハウも広まりつつある。もともとは匠の農家が長年の経験から見出した手法だが、科学的な分析によりノウハウを見える化し、環境制御が可能な植物工場で再現することにより、属人的なノウハウに頼らず高付加価値農産物を栽培できるようになった。

技術革新や大型化した植物工場のスケールメリットにより、初期投資額・ランニングコストとも5年前より大幅に低下しているが、植物工場はいまだ高額な農業設備である。生産効率と品質の平準化により、ようやく事業として成り立つようになったのが現状だ。植物工場全体では6割程度が赤字経営とも言われており、旧式のプラントや規模が小さい植物工場（商業プラントではなく実証プラントと位置付けるべき規模のもの）のほとんどが赤字とされる。ただし、最近の大型・中型の植物工場に限って言えば、事業としての成功確率はかなり高まってきた。

植物工場で導入進む自動化技術

新たな栽培手法として注目を集める植物工場でも、この数年、自動化技術の導入が進んでいる。

パナソニックが福島で運営している人工型植物工場では、一部の作業工程に自動化技術が導入され、人件費の低減と収益性の向上が実現されている。植物工場の栽培棚は10段程度積み重ねられているため、上段の作業を行いにくいという課題があった。そこで、苗を育てる栽培プレートの自動投入・取り出し機を開発し、同時に、レタスの苗を栽培パネルに定植する作業のために自社開発した自動仮植・定植機を導入したことで、作業員数を25%程度減らすことができた。

パナソニックは、植物工場内部の清掃用ロボットを導入する等、今後も自動化率を高めていく計画を打ち出している。ただし、完全な自動化（≒無人運転）にはさらなる栽培ノウハウのデータ化が必要となるため、現時点では現実的ではないとされる。まずはコスト削減に資する部分から選択的に自動化を進める方針だ。

人工光型植物工場の先駆者である京都のスプレッド社も、植物工場の自動化を進めている。スプレッド社の「Vegetable Factory」は、同社の有する栽培技術やノウハウを結集した最先端野菜生産システムである。このプラントには、大規模野菜工場における栽培自動化・水資源リサイクル・自社開発野菜専用LED・空調制御システムなど、多岐に渡る新技術が導入されている。（**図表2-2-4**）

スプレッド社は「①播種→②発芽→③育苗→④移植→⑤生育→⑥収穫→⑦調整→⑧包装→⑨出荷」という植物工場の一連のプロセスのうち、特に「③育苗→④移植→⑤生育→⑥収穫」のプロセスを完全自動化することで、人件費を50%削減できるとしている。

こうした自動化技術は、同社のビジネスモデルとも密接に結びついている。スプレッド社は近年、植物工場のフランチャイズビジネスを開始した。フランチャイズビジネスでは、植物工場事業を行いたい企業が資金を負担して、スプレッド社のノウハウ提供の下でプラントを建設する。スプレッド社は当該企業が植物工場で生産したレタスを買い取り、需要家へ販売する役割を担う。フランチャイズビジネスの場合、フランチャイジー（加盟企業）にいかにノウハウを共有するかが成否の鍵を握る。植物工場の環境制御技術と自動化技術により栽培の再現性を高めることで、ノウハウをのれん分けするフランチャイズモデルを実現できたのである。

分類	人工光型植物工場								
	設備						制御システム		
	空調		照明		水耕				
	全体空調	CO_2供給	光源	付帯設備	水耕ベッド	循環設備	空調管理システム	照明管理システム	水耕管理システム
構成要素（標準設備）	HP 循環ファン フィルタ 風向調整板 センサ	CO_2発生装置 （燃焼式、ボンベ式） センサ	蛍光灯 LED 冷却装置	反射板 反射材	水耕ベッド （DFT,NFT、噴霧） パネル ウレタン	養液混合タンク 単肥タンク 戻しタンク ポンプ ろ過装置 殺菌装置 （UV、RO） エアレーション センサ	空調管理 CO_2濃度管理	制御盤 （電源ON/OFFのみ）	養液混合システム （EC、pH） 水循環システム （電源ON/OFF、供給量
付加設備（先進技術）	局所空調（ダクト） チラーによる養液冷却 クラウン温度制御（イチゴ用） 空間除菌		LEDパルス照射 光ダクト	塗料 （波長変換）	養液冷却設備 （チラー）	殺菌装置 （オゾンバブル）	複数エリアの同時制御	照度管理 波長管理	微量元素管理 水温管理 DO管理
							複合環境制御システム⇒ 統合環境制御システム		

出所：筆者作成

図表2-2-4　植物工場を構成する設備・部品

3

事例紹介②：自動運転農機や農業ロボットの出現

自動運転農機

農機の運転が農作業の時間に占める割合が高いこともあり、自動化のための研究・開発が積極的に進められている。スマート農業の代表格とも言える自動運転農機については、**図表2-3-1**のように様々な機関が研究・開発を進めている。

① GPSガイダンスや協調運転トラクター

自動運転農機に先立って実用化が進んでいるのが、GPSガイダンス（GPSによる運転支援）のトラクターで、既に商品化されている。

有人機と無人機の協調運転の開発も進んでいる。協調運転とは、農業従事者が運転するトラクター（有人機）に無人機（随伴トラクター）を

大分類	小分類	社名・団体名	事例
自動運転	運転支援トラクター	農研機構	自動直進田植機
		農研機構	自動追従トラクタ
		農研機構、クボタ	自動操舵トラクタ
		井関農機	トラクター用走行支援システム「リードアイ」
	自動運転トラクター	クボタ	自動運転トラクター
		ヤンマー	自動運転トラクター「ロボトラ」
		北海道大学	自動運転トラクター
	自動運転農機（コンバイン等）	ヤンマー	インテリジェントコンバイン（脱穀・選別状況、流量等を瞬時に把握）

農業ロボット	播種・定植ロボット	農研機構	全自動田植えロボット（GPS＋姿勢センサー）
		パナソニック	植物工場での自動定植ロボット
		スプレッド	植物工場での自動定植ロボット
	除草ロボット	富士重工	草刈りロボット
		農研機構	畦畔除草ロボット
		岐阜県情報技術研究所	アイガモロボット
	ドローン、ヘリ	DJI	農業用ドローン「Agras MG-1」
		クボタ	農業用無人ヘリコプター
	収穫ロボット	パナソニック	トマト収穫ロボット
		スキューズ	トマト収穫ロボット
		信州大学	ホウレンソウ収穫ロボット、キャベツ収穫ロボット
		農研機構	イチゴ収穫ロボット
		シブヤ精機、新農業機械実用化促進株式会社	イチゴ収穫ロボット
		前川製作所	イチゴ収穫ロボット
		大阪府立大学	トマト収穫ロボット
		高知工科大学	ピーマン収穫ロボット
		長崎大学	アスパラガス収穫ロボット
	梱包ロボット	農研機構	イチゴパック詰めロボット
		ヤンマーグリーンシステム	イチゴパック詰めロボット
アシストスーツ	果樹収穫アシストスーツ	クボタ	ラクベスト
		ニッカリ	果樹用腕上げ作業補助器具
	パワーアシストスーツ	東京農工大	パワーアシストスーツ
		和歌山大学	パワーアシストスーツ

注）農業ロボットでは、他にも防除ロボット、運搬ロボット、選別ロボット等が開発されている。

出所：筆者作成

図表2-3-1　スマート農業技術の事例（抜粋）

協調させ半自動運転するシステムで、複数台の農機を同時運転することで農業従事者一人当たりの作業効率を大幅に向上させる。トラクターで培った自動運転技術はコンバインや田植え機等の他の農機にも適用でき、ヤンマー等の大手農機メーカーは自動運転農機のラインナップを充実するための開発を進めている。

出典：(株) クボタ

図表2-3-1　直進時自動操舵機能付田植機

②　自動運転トラクター

大手農機メーカーがこぞって自動運転トラクターの開発に注力したことで、実用化が近づいてきた。

クボタはGPS（全地球測位システム）と機体姿勢などをセンシングするIMU（慣性計測ユニット）を用いた自動運転トラクターの研究開発を進めている。NTTと提携して、農作物の生育に関わる知見をデータ化し、田植えや肥料散布などの作業を農機に指示する新システムも開発しており、2018年の発売が計画されている。自動運転トラクターと作業管理システムが揃うことで、遠隔操作での農作業が可能となる。

クボタは、トラクター以外にも田植機やコンバインの自動化も視野に入れており、将来の自動運転農機のラインナップの拡充が期待される。

ヤンマーと日立製作所等は連携して自動運転トラクターの実用化を進めている。ヤンマーの自動運転トラクターはGPSに加えて準天頂衛星「みちびき」（注）を利用している点が特徴である。準天頂衛星の活用により、測位の精度が格段に高まる。オーストラリアで行った実証実験では誤差5cm以内の精度での自動運転に成功しており、技術的にはほぼ実用化段階にあるとされる。2015年には自動運転トラクターにセンサーを搭載して稲の生育状況をモニタリングする実証事業を行う等、実機の仕様に近いプロトタイプが稼働している。

注）準天頂衛星：特定の一地域の上空に長時間とどまる軌道をとる人工衛星。日本では、宇宙航空研究開発機構（JAXA）が「準天頂衛星システム」を主導。

このように、GPSや衛星測位システムを利用する無人走行機の実証が進み、実用上問題ない技術水準に達していると言われており、海外では一部が実用化されている。トラクターだけでなく田植え機等もGPSを利用した自動操舵機能が商品化され、自動運転が目前の状態にある。

海外では、欧米の大手農機メーカーが穀物畑用の自動運転農機を開発し、一部は先行的に商品化されている。広大な農地を持つ農業大国や欧州の中規模農業国の農業は大型の自動運転農機との相性が良いため、積極的に開発されたことが背景にある。海外の自動運転農機は商品化のスピードでは日本より先行しているが、広い乾いた農地で穀物の収穫等の単純作業を行う、という限定的な作業を対象とした商品だ。日本の自動運転農機の直接的なライバルになるとは言い切れないため、小回りが利き、多様な品目に対応できる製品を実用化できれば、日本の自動運転農機にも勝機はある。

自動運転農機の普及拡大のハードル

積極的な研究開発にもかかわらず、完全な自動運転は商品化の手前で留まっている。日本で自動運転を阻んでいるのは技術以外のハードルである。例えば、自動運転自動車と同じように、実用化には農場内で自動運転農機が事故（物損事故、人身事故）を起こした場合の責任の所在が明確化されることが必要とされる。公道上の走行のハードルもある。1区画の農地面積が狭い日本では、ある程度の栽培規模がある農業生産者は、複数の農地を所有しているのが一般的だ。近隣の区画の農地へ移動する際に無人運転が規制されると、自動運転農機を持っていながら、圃場間移動のための運転で作業者が拘束されてしまう、という弊害が生じる。これでは人件費の効率化は限られたものとなる。その分だけ、自動運転農機の導入も制約される。

政府は2020年までに自動走行トラクターを実用化する方針を打ち出しているが、普及のためには道路交通法や道路運送車両法等の関連法規制の緩和が不可欠である。自動車の自動運転でも、私有地内や工場での利用に関する制約は少ない。農業でも、私有地である農地内であれば、自動運転のハードルが格段に下がる。関連省庁間でも、限られた私有地の中を低速で移動する自動運転農機は、他の自動運転車両より事故の発生確率が格段に低く、先行的に実用化できるのではないか、という意見が出ている。農道での自動運転が先行的に認められれば、自動運転農機で得られた知見を他の自動運転車両の開発にフィードバックも可能だ。

農業ロボット

自動運転農機より細かい農作業の自動化を狙っているのが農業ロボットである。農業ロボットには、車両型、設備型、マニピュレータ（ロボットアーム）型、アシスト型等の類型がある。

多くの企業や研究機関が農業ロボットを開発する中、最近、注目を集めているのがトマトやイチゴ等の自動収穫ロボットである。農林水産省の補助事業や委託事業により現場での実証が進んでいる。果実の摘み取りの精度は日進月歩で向上しており、実用化の目途が付き始めた。

最も一般的な収穫ロボットはタイヤやクローラを備えた移動ユニットと、そこに接続されたロボットアームで構成されている。ロボットアームの先端には画像センサーや距離センサー等のセンサーが取り付けられており、トマトやイチゴの果実の固さを図るための圧力センサーを備える場合もある。

収穫ロボットは、収穫物の位置を正確に把握して摘果するだけでなく、センサーの情報から熟度を判別し収穫の適期を選別する機能も有している点が重要である。これまで、農産物の最適な収穫のタイミングの判断は匠のノウハウに頼っていたが、ノウハウをデータに置き換えることで、経験の多寡によらず的確なタイミングで農産物の収穫ができるようになる。センサーの種類や数を増やせば、例えば、果実内部の含水率等のように人間では判別できない情報も取得することができる。こうして収穫判断を自動化できれば、収穫物の品質（熟度、糖度等）の平均値を底上げすることもできる。(**図表2-3-2**)

位置の特定と熟度の判別という二つの機能により、収穫作業の効率化だけでなく、味のバラツキを抑えるなど作物の付加価値を向上できることが収穫ロボットの長所である。効率化、省力化だけで農業ロボットの投資回収が難しい場合でも、付加価値を向上させて単価を高めることができれば回収可能性は高くなる。効率化と付加価値向上の双方を視野に入れることが農業ロボット開発の要点と言える。

様々な形状、機能の農業ロボットが開発される中で、実用化が特に先行しているのが施設園芸分野である。施設園芸は不安定な環境（降雨、高温、強風等）に晒されないため、農業ロボットが先行して導入されてきた。オランダなどの施設園芸先進国では、選果・梱包・場内運搬等の幅広い作業が自動化されている。オランダの農業法人の大型温室を視察

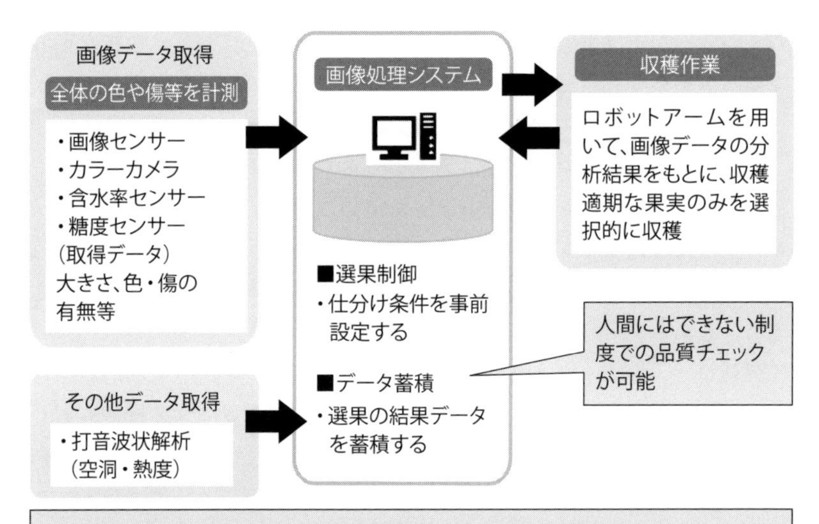

出所：筆者作成

図表2-3-2　収穫ロボットの概要

すると、広い温室内を遊園地のミニ電車のような自動運搬機が走り回っている姿に驚かされる。日本でもオランダを追いかける形で、屋内作業用の農業ロボットの開発が進んでおり、前述のイチゴやトマトの自動収穫ロボットや収穫物の選別ロボットや無人運搬機等も開発されている。

除草もロボットも実用化が進んでいる分野だ。除草ロボットは、田んぼの畦畔（けいはん）に繁茂した雑草を除去する機能を有したロボットである。畦畔の雑草を放置してしまうと、水田に広がり稲の生育を阻害するだけでなく、雑草が畦畔に小さな穴を開け田面水（**注**）の漏水を起こす。除草は長時間労働を要するため農業従事者の負担感が高く、特に、高齢化が進む地域ではロボットの導入が期待されている。ただし、そのためには農業生産者の経済的、技術的な負担を下げなくてはいけない。普及を速めるためには、例えば、自治体やJAがロボットを導入し、農業生産者から除草作業を受託する、というモデルなどを考えることが必要だ。

注）田面水：イネの栽培期間中に水田に張る水のこと。

収穫以外の作業でもロボットの研究開発が進んでいる。ここではベンチャー企業が存在感を発揮している。ベンチャー企業が機能を限定した低価格な農業ロボットを開発し、現場のニーズとうまく合致した場合には効率性、経済性両面で効果が期待できる。各研究機関の研究成果や、先行的に商品化された限定的な用途の農業ロボットに対するユーザーの声を反映させれば、開発が一層進むと考えられる。

こうしたロボット開発の動きを後押しするように、2016年3月に農水省が「ロボット農機の安全性確保ガイドライン」を策定・公表した。開発の焦点が絞られれば、農業ロボットの研究開発・商品化が加速する。

農業用ドローン

近年、様々な分野でドローン（特に小型・中型のマルチコプター）が使われている。農業分野でも圃場情報の収集や種子散布等に、ドローンを使う事例が出始めている。

農業用ドローンの実証実験は各地で行われている。北海道旭川市では、セキュアドローン協議会が「JAたいせつ」と協力してドローンを使った稲作用の実証事業を行っている。（**図表2-3-3**）

ドローンで空撮した水田の画像データと、土壌のセンサーによる成分データを用いて、水田内での生育状況のバラツキを把握し、施肥等を行うことでブランド米「ゆめぴりか」の品質向上を図っている。おおまかな生育状況や土壌状況は人工衛星によるリモートセンシングでも把握できるが、ドローンを使うことで病虫害による部分的な変色等をより細かく把握することができる。

企業側の動きも盛んだ。クボタは農薬散布機能を備えた農業用ドローンを2017年から発売すると発表した。従来の農業用ヘリコプターの1/5の200万円程度での販売が予定されている。

他にもワイン用ブドウ栽培では、葉の状態をドローンでセンシングし、生育状況や病虫害の有無を把握する取り組みも行われている。樹高が高く葉が目視しにくい果樹を中心に、広く応用できるため、商品開発が待たれる。

従来の有人のヘリコプターと比べて小回りが利く上、操縦性と安全性に秀で、経済的な負担も低いため急速に普及する可能性がある。ただし、現在市販されているドローンの多くは耐荷重が数kgから数十kg程度で、大量の農薬や肥料を積み込むことはできない。広い農地での農薬や肥料の大量散布には必ずしも適さないことが課題だ。当面は、凹凸の大きな農地や高低差が大きい果樹園等での情報収集、あるいは少量で効果を発揮する農薬の散布等から導入が進むと考えられる。ただし、この段階では栽培管理に効果を発揮するものの、作業負荷自体を低下させてることはできない。本格的な効率化効果を発揮するためには、機動力の高いドローンの開発が必要である。

空撮写真

機体

出所：（一社）セキュアドローン協議会

図表2-3-3　農業用ドローン

第3章

アグリカルチャー 4.0の時代

1
農業の技術革新の歴史

技術革新の歴史から浮かび上がる日本農業の位置

農業は人類にとって欠かすことのできない産業であり、人類の発展の歴史は農業とともにある、といっても過言ではない。約1万年前（諸説あり）に農耕が始まって以来、農業の発展は社会の姿に大きな影響を及ぼしてきた。その背景には、技術革新や創意工夫によって次々と生み出された農業技術がある。例えば、灌漑技術の普及が水利権を管理するためのムラ社会を生み出し、また、中世の農業革命によって生じた人口増加により、農村人材が都市部の工業セクターに供給されることで産業革命が支えられた。日本でも農耕の開始以来、コメの単収は大きく伸びている。（**図表3-1-1**）

農業への注目が高まる中、将来を担う若者にとって農業を魅力ある産業に変革するために、歴史から学ぶことが役に立つ。長い時間をかけて農業が経てきた革新の歴史を振り返り、今、我々がどこにいるのかを明確にしよう。

農業技術の分類

農業経済学では、農業技術の発展は、栽培技術に関するBC（Biological-Chemical）過程と機械化に関するM（Mechanical）過程という二つのプロセスで説明される。これらにより、農業の技術はBC技術とM技術に分けることができる。（**図表3-1-2**）

BC技術とは生物学的・化学的技術のことで、さらに細かくB技術とC技術に分ける考え方もある。B技術とは生物学的技術のことで、育種学に基づく品種改良や栽培学に伴う栽培手法の改良等が該当する。C技術とは化学的技術のことで、化学肥料、農薬等の化学製品の利用が該当

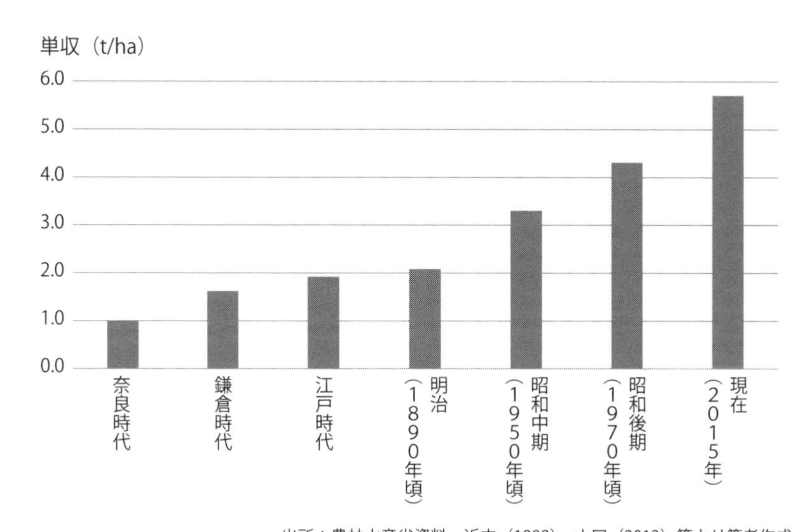

出所：農林水産省資料、近内（1998）、山口（2012）等より筆者作成

図表3-1-1　日本におけるコメの単収の歴史的推移

する。また、灌漑や土壌改良等の農業土木も、BC技術に分類することがある。

BC技術は単収（単位面積当たりの生産量）の増加や栽培リスク（病虫害リスク等）の低減に効果を発揮する。一方で、BC技術は基本的に農地面積の大小に影響されないことが特徴である。1haの農地でも100haの農地でも、同じ品種で同じ栽培方法を採れば、単収は同じだ。

M技術とは機械的技術のことである。トラクターやコンバイン等の農業機械、温室等の農業設備、農業施設等からなる。M技術は単位面積あたりの労働時間の短縮（省力化）に効果があり、規模拡大と強く結びついている。また、M技術は分割不可能という特徴がある。例えば大型農機で小規模な農地を耕す場合には生産性が大きく低下してしまう点が、分割可能なBC技術との違いである。人手よりもはるかに広い農地を耕作できる農機が実用化されたことで、アメリカや豪州で展開されているような大規模農業が出現した。

農業の革新の歴史とは、まさしく、こうした中核技術を巡る革新である。以下、時系列に沿って、農業の変革の段階を、筆者が独自に定義した「アグリカルチャー1.0、2.0、3.0」等という分類で振り返ってみよう。

アグリカルチャー1.0：生物学と農業土木を中心とした変革

農業の歴史の始まりは、自生している植物の採取から、人為的に作物を育てることへの変化である。最初期の農業は自然任せで生産性は非常に低く、収穫量の変動も大きかった。例えば、雨水に依存した天水農業は、降雨量が少ない年には生産量が激減した。また、雨水頼みのため、栽培可能な季節が限定され単収も低かった。

最初期の農業の課題へ対応すべく、BC技術、中でもB技術と農業土木を中心とした第一弾の農業の革新が起こった。ここから生まれる農業を「アグリカルチャー1.0」と名付けよう。

自然に頼っていた天水農業を革新したのが、紀元前3000年紀（諸説あり）から本格的に始まったとされる灌漑技術である。灌漑とは人為的に外部から農業用水を供給する技術のことを指す。農業土木の技術が発展し、河川や湖の水を用水路で引水したり、ため池を造成したりすることで、安定して農業用水を確保できるようになった。それにより、栽培可能な面積と期間が急拡大し、単収が大幅に向上した。農業に適した環境を人工的に作り出すことにより、生産性が飛躍的に向上した時代と言うことができる。

灌漑農業のための水利工事や農業用水の管理のためには、統制のとれた集団の存在が不可欠である。一たびこうした作業のための集団ができると、集団によって農業生産が拡大し、農業生産が拡大すれば養える集団の規模が拡大する、というポジティブフィードバックが働き、人口が急上昇する。

また、生産能力の向上により余剰農産物が発生すると、個人・家族単位で自給自足する必要性が薄れた。それによって農業以外の職業に専念できる人材が生活できるようになり、社会が大きく発展した。余剰農産物を統制する王族や貴族といった支配階級の成立にもつながっている。

このように、灌漑とそれに合わせた栽培方法の確立を中心としたアグリカルチャー1.0は農耕文化と文明を生み出した。メソポタミア文明、エジプト文明、インダス文明、黄河文明の四大文明は、いずれも半乾燥地や氾濫原で興った。灌漑・治水による農業が大文明の出現を促したわけだ。

例えば、エジプト文明ではナイル川流域の麦作が基盤であった。紀元前3500年頃から灌漑が始まり、ナイル川から氾濫した河川水を農地まで誘導することで、乾燥地でも農業生産を営めるようになった。ナイル川から氾濫した水が豊富な栄養分を含んでいることも生産力を高める一因となった。

メソポタミア文明を育んだチグリス・ユーフラテス河流域では、雪解け水を制御し、農地に取り込むためのため池や用水路を整備したことで農耕が発展した。しかし、最終的には塩類集積による農地の劣化により、文明は衰退の一途をたどった。現在でもアメリカ等で地下水を使った灌漑による塩類集積が問題となっている。何千年も前と同じ課題に突き当たっている現状を見ると、皮肉な言い方をすれば、人間は「持続的でない農業が文明を滅ぼす」という歴史の教訓から十分学べていないのかもしれない。

他にも、現在のインド北部とパキスタン一帯で繁栄したインダス文明は優れた用水路網と貯水池に支えられており、中国の黄河文明は黄河の氾濫原での治水・灌漑から発展した。いずれの文明も、自生の食物に恵まれた熱帯地域ではなく、乾燥や洪水などの厳しい自然環境の下で、それを克服する過程で生まれたことに気付く。

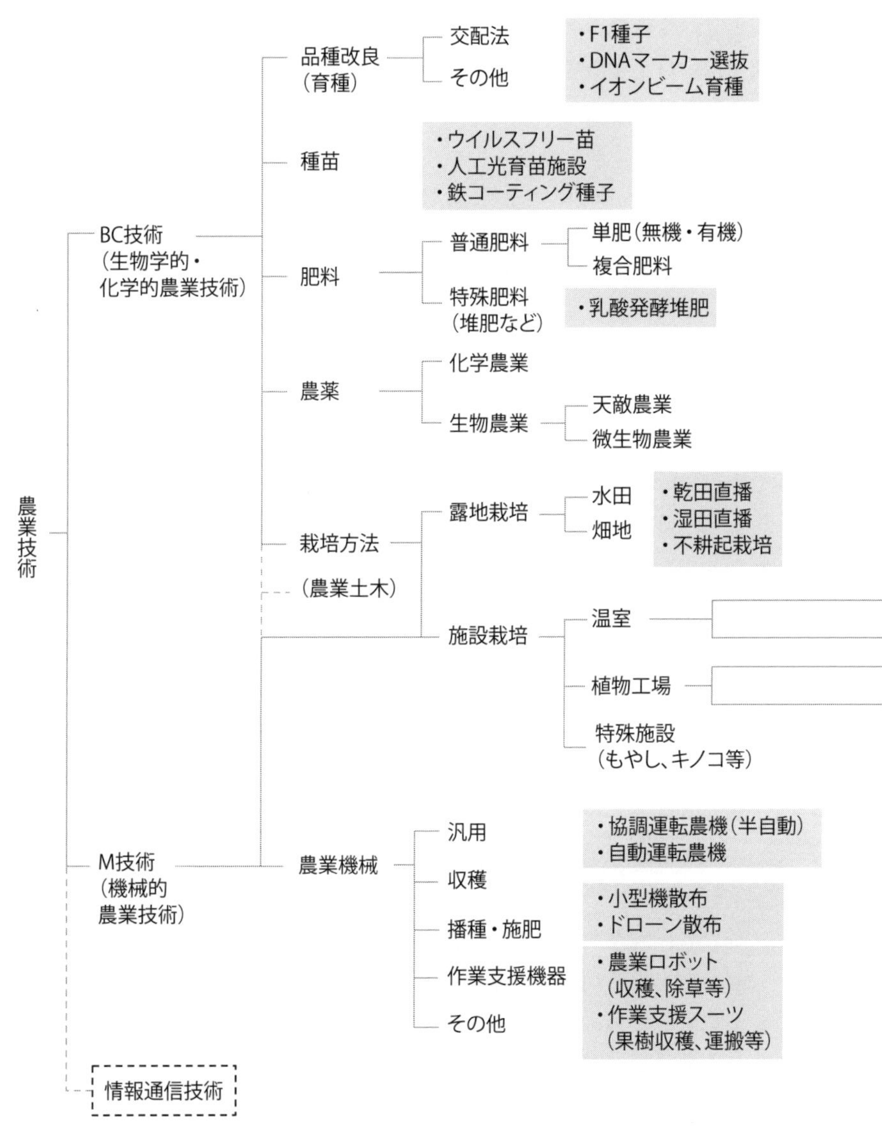

図表3-1-2　主要な農業技術と先端技術の動向

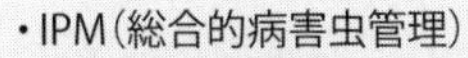

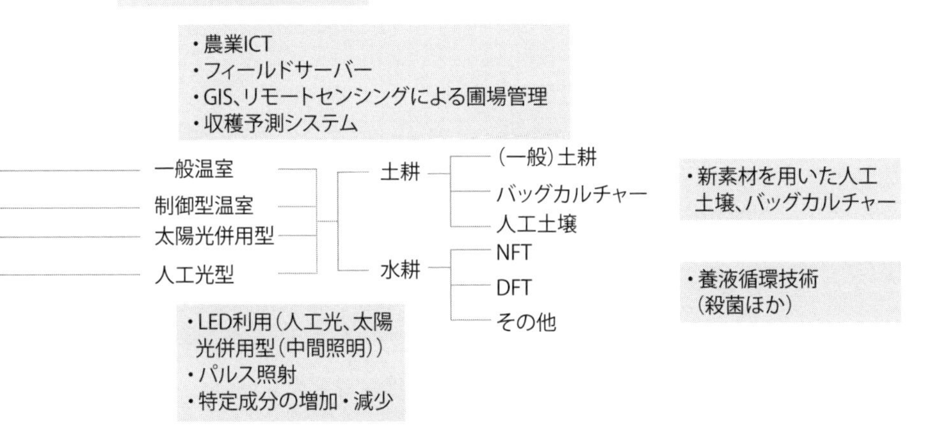
・IPM（総合的病害虫管理）
・ライブコート種子
・農業ICT
・フィールドサーバー
・GIS、リモートセンシングによる圃場管理
・収穫予測システム
一般温室
制御型温室
太陽光併用型
人工光型
土耕
水耕
（一般）土耕
バッグカルチャー
人工土壌
NFT
DFT
その他
・新素材を用いた人工土壌、バッグカルチャー
・養液循環技術（殺菌ほか）
・LED利用（人工光、太陽光併用型（中間照明））
・パルス照射
・特定成分の増加・減少
※あみかけ部分は、先端技術の例

出所：筆者作成

アグリカルチャー1.5：ヨーロッパで起きた農業革命

灌漑農業が世界的に普及した後、次の技術革新の基盤ができるまでには、四大文明から長い時間を要した。灌漑農業から発展した技術が凝縮し、「農業革命」と呼ばれる大きな波となったのは実に18世紀のことだ。ここで言う農業革命とは、西欧で進歩した輪栽式農業や改良穀草式農法による飛躍的な生産性向上のことである。

欧州では農業革命以前は三圃(さんぽ)式農業（three field system）という農業形態が主流であった。三圃式農業はその名称の通り農地を3つに分割してローテーションを組んで耕作する農法である。具体的には、農地を①冬穀（秋まきのコムギ・ライムギなど）、②夏穀（春まきのオオムギ、エンバク・豆など）、③休耕地の3つに区分し、ローテーションして使用することで、農地の地力低下を防止した。3回に1回は休耕地となるが、休耕地は単に休ませるのではなく家畜が放牧され、その糞尿が肥料となって地力を回復するという、資源循環型農業の走りである。

ただし、三圃式農業は休耕地を確保するために主要作物を栽培できる農地面積が狭くなり、冬期には家畜の飼料が不足するという課題が明らかになった。こうした課題を踏まえて生まれたのが、輪栽式農業や改良穀草式農法である。輪栽式農業は三圃式農業の改良版であり、イギリスではノーフォーク農法とも呼ばれた。穀物栽培に根菜や牧草（クローバーやサインフォイン等のマメ科作物は窒素固定により地力回復に効果がある）の栽培及び畜産を組み合わせた農法である。輪栽式農業では①冬穀、②根菜類（カブ・てんさい・ジャガイモ等）、③夏穀、④牧草、というローテーションを組んでおり、①と③の穀類の栽培面積は減少するが、②でカブ等の飼料を冬期に備えて生産できるようになった。また、地域によっては、輪栽式農業よりも牧草栽培期間を長くした改良穀草式農法も普及した。これらの農法の特徴は、カブの栽培により三圃式農業の欠点であった農地稼働率の低さと冬期の飼料不足を解消した点にある。従来は家畜の一部は飼料不足のために、冬の到来前に屠殺して保存食（塩漬けや燻製）にしなければならなかったが、冬季の飼料が確保できるようになって、通年の飼育が実現し、食生活の質も向上した。

輪栽式農業や改良穀草式農法による農業革命は、農業の生産性を大きく向上すると同時に、栄養摂取の環境を大幅に改善し、欧州の人口増加を促した。これによって生まれた余剰人口が都市部に流入し、産業革命を支えたのである。一方で、輪栽式農業や改良穀草式農法は広大な農地とまとまった労働力が欠かせないため、開放耕地の排除や入会地の廃止といった、いわゆる農地の「囲い込み（エンクロージャ）」が起こった。

「農業革命」は生物学的技術と農業土木を主体とした農業の集大成であり、「アグリカルチャー1.5」と呼べる存在である。古くから「農業革命」と呼ばれるように、農業の技術革新にとっては大きな転換点であり、これをアグリカルチャー2.0と捉える考え方もあろう。たしかに、農業革命は農業生産を大きく押し上げた。しかし、大局的に見ると、農業革命後の輪栽式農業も基本的にはB技術を中心とした農法、つまり技術的にみると自然由来の資源に依拠しており、アグリカルチャー1.0の延長線上に分類するのが適当であろう。

アグリカルチャー2.0：農芸化学を中心とした変革

農耕開始から中世の農業革命という、生物学を主体とした変革が行き渡ってから再び長い時を経て、1940年代～60年代になると、化学技術を中心とした革新の波が到来した。これをアグリカルチャー2.0と呼ぶこととする。アグリカルチャー2.0のキーテクノロジーは、工業的に生産された化学肥料である。1906年にドイツでフリッツ・ハーバーとカール・ボッシュが開発したハーバー・ボッシュ法（アンモニア合成法）により、大気中の窒素から窒素化学肥料を生産できるようになった。ハーバー・ボッシュ法及びその後開発されたアンモニア合成法により、従来より安価な化学肥料が大量に供給されるようになり、農業生産者は誰でも容易に農地の地力を人為的に高めることが可能となった。

また、農薬は病害虫のリスクを大幅に低減し、農業生産の安定化に寄与した。農薬の始まりは1850年頃にフランスのグリソンが発見した石灰硫黄合剤（石灰と硫黄の混合物）とも言われている。1938年にはスイスのパウル・ハルマン・ミュラーがDDTの殺虫能力を発見し、農薬として普及するに至った。1940年代からは除草剤の普及が始まる等、次々と新たな農薬が開発・商品化されていった。

化学肥料や農薬といった化学製品の普及に従い、それに合わせた品種改良も加速した。化学肥料の効果が出やすい品種（肥料を大量に投入して収量が増えても倒伏しにくいコメやムギ等）の開発が進み、農産物の生産量は飛躍的に拡大した。こうした高収量品種と化学肥料による新たな農業の出現は「緑の革命」（米国国際開発庁のWilliam Gaudによる造語）と呼ばれている。国際イネ研究所（IRRI）で開発されたIR8というイネ品種や、メキシコで開発された短稈コムギ品種は、近代農業の基礎となっている。革命という言葉を使うほど、農業生産に与えた影響が大きかったということだ。（**図表3-1-3**）

緑の革命により世界の農業生産力は大きく向上し、人口爆発による食糧危機の回避に貢献した。現在、70億人を超える人類が生活できているのは緑の革命のおかげである。緑の革命真っ只中の1960年頃の世界の人口は30億人程度と現在の半分以下に過ぎない。50年間で倍以上に急激に膨れ上がった人類の胃袋を緑の革命が支えたといっても過言ではない。

一方で、第二次世界大戦が終了し、各地でかつての植民地が次々と独立し、世界的な成長ムードと緑の革命が相乗効果を発揮し、地球の本来のキャパシティーを超えるほどの人口爆発を招いたという考え方もできる。また、緑の革命により農業は自然の資源循環から離れて化学肥料と化学農薬に過度に依存するようになり、環境負荷の増大や、新興国を中心に種子・肥料・農薬等の支出増加による貧困に拍車を掛けたという批

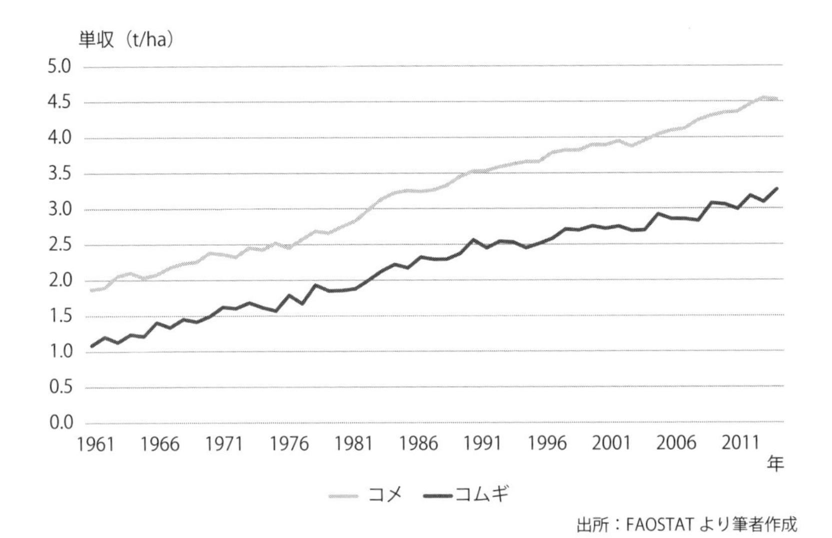

出所：FAOSTATより筆者作成

図表3-1-3　緑の革命による単収増加

判もある。

アグリカルチャー3.0：機械化を中心とした変革

1960年代～80年代には、自動車産業等による工業技術の発展を受け、農業にも機械化の波が到来した。機械化による効率的な農業をアグリカルチャー3.0と呼ぶこととする。

農業機械は機能と規模を拡大し、農業の大規模化を押し進めた。広い国土を有するアメリカ、オーストラリア、ブラジル等で大規模農家が台頭するようになった。

この時期に導入された農機は、汎用的農機としてのトラクター、定植用の田植え機・移植機、収穫用農機のコンバイン・野菜収穫機、等多岐にわたる。人や家畜による作業と比べ極めて高効率で、農業従事者一人当たりが耕作可能な農地面積は大幅に拡大し、農業従事者を身体的な負荷の高い重労働から解放した。農業は鋤（すき）や鍬（くわ）を使って人力で田畑を耕す仕事から、農機を運転する仕事へと大きく変貌したのである。

他方で、高額な農機の購入費が農業者の収支を圧迫するようになった。農機購入に伴う借金に苦しむ農業者は少なくない。元来、一つの農作物の耕作時期は限られるので農機の稼働率は低くなりがちだ。耕作規模が十分に大きければ、効率性で稼働率の低さを補うこともできるが、小規模農家の場合、稼働率の低さを補うことができず、経済的な負担が大きくなってしまう。農機は栽培の効率性を飛躍的に高めた反面、借金漬けの農家を多数生み出す結果となった。

アグリカルチャー3.5：ICTの部分的な活用

現在の「先進農業」はアグリカルチャー3.0の発展形である「アグリカルチャー3.5」と定義できる。アグリカルチャー3.5では、農業機械や施設園芸分野へのICTの導入が進んでいる。ICTによる情報共有の効率化、作業の見える化、環境制御等が特徴で、農家の知恵・ノウハウがシステム化されつつある。

農機分野では、農機と営農支援システムとの連動が進んでいる。クボタが提供するクボタスマートアグリシステムでは、農機に搭載された無線LANユニットから作業情報がクラウドへ送信されて、蓄積・分析される。経営者は各農機のデータを分析して、改善案を練り、それを踏まえた作業指示を、スマートフォンを通じて作業者に伝達できる。栽培履歴管理も容易となり、栽培プロセスの見える化による農産物の安全性のアピールにも効果を発揮している。

この他にも、アグリカルチャー3.5に属する先進技術として農機のGPSガイダンス等が挙げられる。GPSガイダンスはトラクター用のカーナビのようなシステムで、トラクターの現在地や進行方向をモニターに表示し、適切な経路に誘導するものである。

施設園芸におけるアグリカルチャー3.5の典型例が植物工場である。高度な環境制御システムを用いて栽培室内の温度・湿度・CO_2濃度等を人為的に制御することで、農産物を効率的に生産することができる。日照や降雨といった自然環境の影響を受けないため、年中安定した生産が可能であり、農耕開始以来気まぐれな自然に翻弄され続けてきた人類にとっての悲願を達成したといっても過言ではない。植物工場の出現は「農業の工業化」を示唆しているとも言える。

一方で、アグリカルチャー3.5の段階はあくまでICTによる農業従事者の作業支援であり、農機にしろ、施設園芸にしろ、完全な自動化にまでは至っていないことに留意が必要だ。完全自動化技術の登場は次の改革のステップを待たなければならない。現状の植物工場でも完全な自動化は可能だが、生産可能な作物は野菜の一部に留まる。植物工場によって成功している事業者の生産額は農業全体の1割にも満たず、新たな農業革命は道半ばと言える。植物工場だけで新たな農業革命は実現できないことから、現在の植物工場は、従来のアグリカルチャー3.0の延長線上の3.5に留まると評価すべきであろう。

2
アグリカルチャー3.5で取り残された課題

不可欠な露地栽培のテコ入れ

植物工場や農業ICT等の技術を活用したアグリカルチャー3.5は一定の成功を収めた。農業参入ブームとも相まって、全国に成功事例が生まれている。資金力に富む農業参入企業等が植物工場に投資し、全国で数百の植物工場が稼働している。

植物工場は環境制御システムにより栽培環境を最適化することで、高品質の農産物を高効率かつ安定的に生産することを可能にした。従来の農業は天候や病害虫のリスクが大きく、投資対象となりにくかったが、植物工場という製造業に近い生産方法が実用化されたことで、大手企業の農業参入やファンドからの投資が活発になった。

植物工場はその名の通り「工場」的な生産施設だが、製造業と比較すると古めかしい生産ラインであることは否めない。生産工程の大部分をマンパワーに依存しているからである。大型の植物工場では数十名を超えるパートタイマーやアルバイトスタッフが栽培作業を担っているが、作業の自動化はあまり進んでいない。いわば工場制手工業（生産設備と作業者を一箇所に集めた工場で生産する手法。マニュファクチュア。）に近い生産ラインなのである。植物工場が求人ニーズの少ない農業地域に軽労働の雇用を生み出した点は評価されるが、パートタイマーのため賃金水準は決して高くはない。農業以外の働き口が限られている地域で共働きの女性や高齢者の雇用創出に貢献した点は評価されるべきだが、他方で植物工場での作業だけで自立した生活を営むことは難しい。

露地栽培に関するアグリカルチャー3.5では、栽培データの見える化や農機の操作性が向上した。営農支援システムにより、これまで手書きで管理してきた営農日誌がデジタルデータ化され、保存や分析が容易となった。GAP（**注**）の提出書類も自動作成できるようになり、事務作業の負荷低減につながっている。一般企業が経理ソフトを導入した効果に近い。

他方、農業生産の大部分を占める露地栽培では、アグリカルチャー3.5においても、いまだ収益性を改善できていない。作業データの管理や農機操作の容易化は実現できたものの、農作業の改善という面では従来の農業生産をサポートする位置付けに留まっており、売上増加やコスト低減の面で目覚ましい効果を生んだとは言えない。むしろ、システム運用コストや農機コスト増加が目立つ場合も少なくない。

第1章で示した通り、稲作（水田作）の専業で生活を成り立たせるためには広大な農地が必要だが、中小規模の農家が先端技術を導入しても農業だけでは食べていけない現状に変わりない。兼業農業が中心という日本農業の特有の構造は残されたままである。露地での野菜栽培も、人件費単価の安い外国人の技能実習生に頼るケースが少なくないほどに低収益である。植物工場におけるパートタイマー中心の栽培体制以上に人件費の低さが深刻といえる。農業のビジネス化に寄与したアグリカルチャー3.5ではあるが、残念ながら現場の農業従事者の収入が他産業に比べて大幅に低いという問題は解決できていない。

アグリカルチャー3.5が超えられなかった壁を取り払い、稲作や野菜作などの露地栽培を含む農業全体を魅力的なビジネスに変えてこそ、日本農業は真の成長産業となることができる。

（注）GAP：Good Agricultural Practice。日本語では「農業生産工程管理」と表記される。農業生産活動を行う上で必要な関係法令等の内容に則して定められる点検項目に沿って、農業生産活動の各工程の正確な実施、記録、点検及び評価を行うことによる持続的な改善活動のこと。

農業経営の現状

第1章では農林水産省の統計データをもとに、日本の農業経営の概要を整理した。ここではさらに踏み込んで、日本の農家の作物ごとの経営状況を分析し、どの程度の規模があれば平均的なサラリーマン並みの所得（4,150千円）を確保できるかを考えてみよう。

コメ（稲作）を中心とした水田作（コメ＋ムギ・豆等）では、20haを超える大規模農家であれば、農家個人の収入がサラリーマンの平均所得に達し、家族で稲作に従事している場合には世帯収入が10,000千円を超える。しかし、日本で20ha以上の水田を有する農業生産者は極めて少数にとどまる。稲作は田植えと稲刈りシーズン以外は労力がかからないため、数の面では兼業農家に頼っているのが日本の稲作の現状である。

豆・イモ・茶等を栽培する畑作では、10haを超える規模でも農家個人の収入はサラリーマンの平均収入に届かない。平均耕作面積が25haを超える北海道でのみサラリーマン並みの所得を確保できる可能性がある程度だ。北海道の畑作では、北海道の農家の平均耕作面積より若干大きい程度の30ha超の規模で、農家個人がサラリーマン並みの所得を確保することができる。世帯収入となれば13,000千円を超える。農地が大規模かつ集約化されているため機械化の効果が大きく、作業時間も短くなり時給換算の効率が大幅に向上するからだ。営農サポートが主体のアグリカルチャー3.5の農業技術でも、北海道のように農地が分散せず大規模に集約化されていれば、高い所得を得ることが可能であることが分かる。

葉菜、根菜等の野菜類を生産する露地栽培では、生産規模が7haを超えると農家個人でサラリーマン並みの所得を確保することができる。水田作や畑作と比べて狭い面積で一人当たりの農業所得約5,000千円を実現できる。ただし、作業時間が長いため、時給換算で見た効率性は低い。「野菜の露地栽培は忙しい」ことは経営データでも見て取れる。逆に、作業時間の短縮に対する切実なニーズに応えれば、生産規模を拡大できる可能性も出てくる。

施設園芸では植物工場のような新技術が注目されているが、家族経営は厳しい状況にある。家族経営の施設園芸では簡易な設備しか導入できないからだ。結果として栽培効率が低く、2haを超える規模になってもサラリーマンの平均所得に遠く及ばない。

中小規模の施設園芸の問題は、粗収益（**注**）が栽培規模に比例しないことだ。一人で受け持てる規模に限界があるため、生産規模を拡大すると人数も増えるので、一人当たりの収入は増えない。一人当たりの生産規模を拡大しようとすると、手間は掛らないが単価の低い農産物を扱うことになり、面積当たりの粗収益が低下するという悪循環に陥る。

果樹栽培は、一般的に営農規模が小さい。平均農地面積は1.0haにも満たず、農地の一角で果樹を栽培していることも珍しくない。また、果樹栽培でも、施設園芸と同様、粗収益が規模に比例せず、規模を拡大するためには人数が増える、一人あたりの規模を拡大すると単価が下がるという問題がある。単価の高い果樹を栽培するためには間引きや袋掛けのような手のかかる作業が必要だからである。

（注）農業経営によって得られた総収益額のこと。「農業粗収益＝販売収入＋家計消費＋副産物」によって求められる。（営農形態によってはその他副収入を加えることもある。）

日本農業の構造的課題

日本の農業政策では規模の拡大が重要なテーマに掲げられている。日本の農業生産者の多くの営農面積は1.0～5.0haだが、これを集約して大規模化することが重要とされている。一定規模以上の農業生産者への重点的な補助・優遇策や、農地中間管理機構の立ち上げ等、様々なテコ入れ策が講じられてきた。

日本では単に栽培面積を増やせばよいわけではない。本来は、農地面積が拡大するほど規模の経済により面積当たり栽培コストは低減するはずだ。しかし、水田作における農地面積と面積当たりコストの関係を見ると（**図表3-2-1**）、10haを超えると規模の経済が働かず、面積当たりコストが下げ止まっていることが分かる。平らな土地が延々と広がるアメリカや豪州との大きな差異であり、日本で大規模農業者が生まれてこない一因である。

このようなコスト下げ止まりが起きる原因は、日本では圃場（農作物を栽培する田畑）が細かく分散していることにある。10ha超の農地を確保するには、数十a（アール）から数haの圃場を多数かき集めることが必要となる。つまり、農地拡大といっても圃場は集約されず、飛び地ばかりなのである。圃場が分散しているため、圃場間の移動時間や移動のたびに農機をセットし直すための準備時間がかかってしまい、かえって効率性が低下している。農業・食品産業技術総合研究機構の中央農業総合研究センターの研究報告によると、ある地域での大規模水田作経営では、代かき作業と収穫作業において、全体作業時間の11～15%が圃場間移動に費やされていたという。各圃場での準備や後片付けも合わせると、実際の農作業以外に費やされる無駄な時間はかなりの割合に上ることが分かる。

こうして、オペレーター1名＋農機1台という一般的な作業形態で10ha以上の営農規模を実現しようとしても、規模の経済によるメリットと圃場分散のデメリットが相殺してしまい、コスト低減効果があまり出ないのである。農地がn倍になると、ヒト＋農機もn倍になる、という農地の構造（分散圃場）が、日本の農業の効率化するための大きな壁である。

農機導入によるコスト増加

もう一つの農業の低収益性の大きな理由がトラクターやコンバインといった農機等の高額な設備の投資負担の重さである。農業機械は定植、

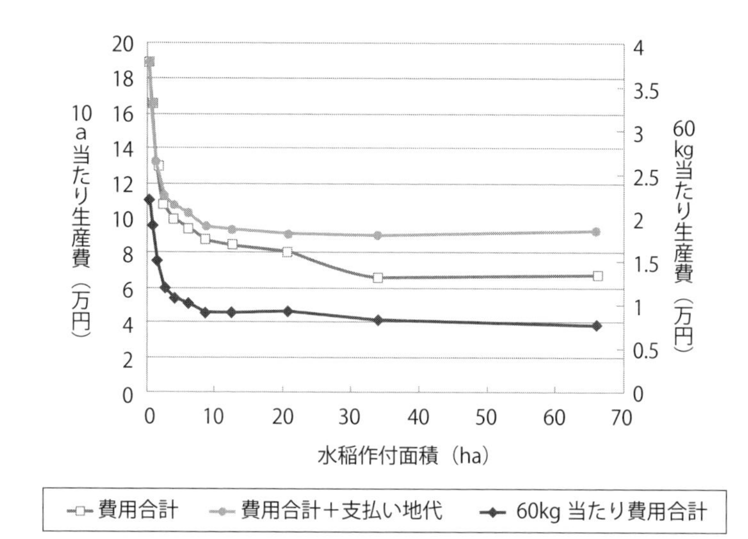

オペレーター１名＋農機１台での営農形態では、10ha 以上はコスト低減効果がない。（農地が n 倍になると、ヒト＋農機も n 倍になってしまう）

出所：農研機構

図表3-2-1　コメの作付規模と生産費の関係

収穫などの特定の作業に利用するため、稼働時期がある期間に集中する。そのため、工業機械に比べて稼働率が低くなるのは避けられない。

これを補うためにはアメリカや豪州などのように農地を大規模集約化して、規模の経済を最大限に発揮しなくてはならない。しかし、日本でそれだけの規模を確保できる地域は北海道や広大な干拓地等の極めて一部に限られている。圃場の分散は投資回収の負担に拍車をかける。前述の通り、圃場が分散していると、たとえ農機が倉庫から出ている時間が長くても、実は圃場間の移動やセッティングに取られる時間ばかりが多くなり、実際に農作業に使われている実稼働時間（稼働時間－（移動時間＋準備時間））が短くなってしまうからである。**図表3-2-2**の通り、面積当たりの農機具費を比較すると、実稼働時間が短いことに起因して、やはり10haを超える当たりで下げ止まっている。

こうした状況を打破するためには、農地での実稼働時間が長く、規模の拡大がオペレーターの人数増につながらないような新たな栽培システムが必要になる。分散圃場に対応した、「オペレーター1名＋農機1台」の営農形態を打破する新技術が求められているのである。この課題の解決策については第4章で詳しく述べる。

付加価値向上の問題点

農業従事者の収入を増やすためには、農業労働1時間当たりの付加価値額（≒時給）に着目することが重要である。**図表3-2-3**のように、農地面積が10haを超えると農業従事者の時給（労働1時間当たり付加価値額）の増加が鈍化するのは、農地が狭い段階では手間暇をかけて高単価な農産物を栽培しているが、農地が広くなるにつれて手のかからない低単価

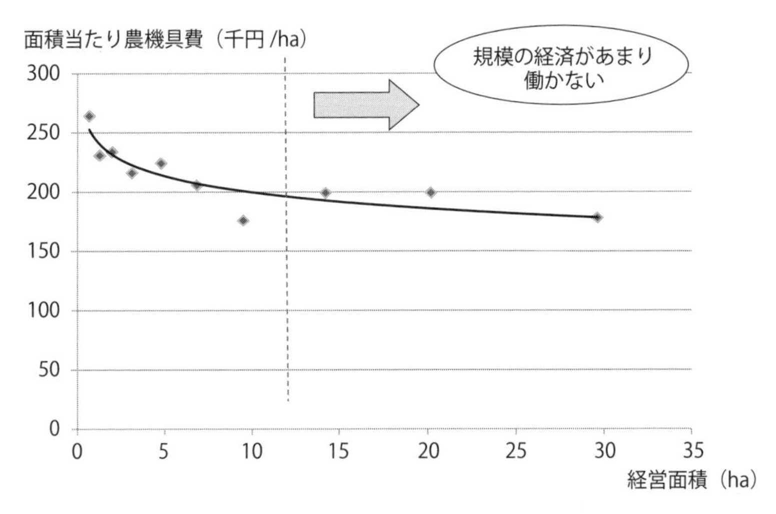

図表3-2-2　経営規模と農機コストの関係

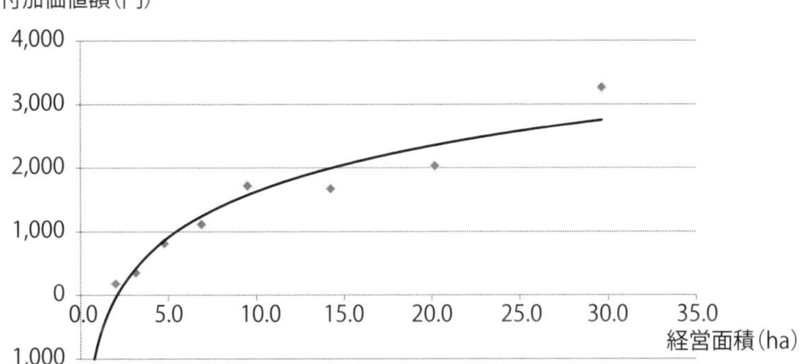

経営面積が増加しても、10 ヘクタールを超える当たりから、1 時間当たりの付加価値額（≒時給）は伸び悩み。

図表3-2-3　経営規模と労働１時間当たり付加価値額の関係

な農産物が主体になるためと考えられる。また、農地が広くなると管理がおろそかになり、品質が低下している場合もあるだろう。（**図表3-2-4**）

北海道の農家の収入が高いのは、ジャガイモ、玉ねぎ、トウモロコシなど、手間のかからない農産物を大規模な農地で栽培して、規模の経済が働くようにしているからである。日本において、こうした栽培環境に恵まれている地域は稀であり、多くの地域では農家の収入を上げるためには、分散された広い農地でも高単価な農産物を栽培できる技術が必要となる。現状の最先端であるアグリカルチャー3.5をもってしても容易には乗り越えられない高いハードルである。

以上を踏まえると、真の儲かる農業を実現するためには、①規模の経済によるコスト低減と、②（分散された）広い面積でも高単価な作物を栽培すること、の2点が不可欠と言える。

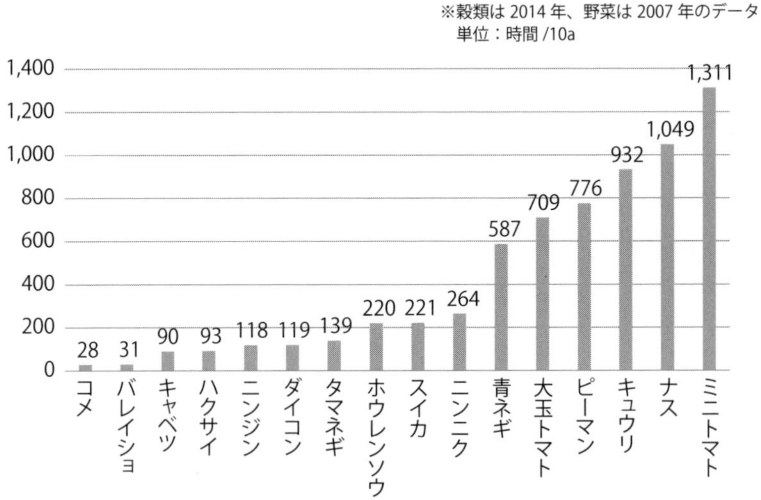

※穀類は 2014 年、野菜は 2007 年のデータ
単位：時間 /10a

1,400
1,200
1,000
800
600
400
200
0

作物	時間
コメ	28
バレイショ	31
キャベツ	90
ハクサイ	93
ニンジン	118
ダイコン	119
タマネギ	139
ホウレンソウ	220
スイカ	221
ニンニク	264
青ネギ	587
大玉トマト	709
ピーマン	776
キュウリ	932
ナス	1,049
ミニトマト	1,311

出所：農林水産省「農業経営統計調査」、「品目別経営統計」を基に筆者作成

図表３-２-４　農作物ごとの作業時間の比較

3

真のIoT化が導く『アグリカルチャー4.0』

IoTによる農業の大革新＝アグリカルチャー4.0

植物工場、営農支援ICT、農機の運転支援システム等に支えられたアグリカルチャー3.5は、農業ビジネスの成功事例をいくつも生み出した。中でも、植物工場は一種のブームとなり、今でも企業の農業参入の追い風となっている。しかし、他方で、前項で指摘した、「儲かるのは経営層や正社員に限られる」、という状況はアグリカルチャー3.5でも変わっていない。パートタイマーを中心とした植物工場の作業者の所得水準は旧来型の農業従事者と大差ない。

一部の農産物については、植物工場に代表されるアグリカルチャー3.5が農業のあり方を変える可能性を持っていることは確かである。しかし、農業従事者の所得が他産業に比べて劣位にあるという農業の根本問題を解決するためには、効果が限定的なアグリカルチャー3.5の適用範囲を超え、農業従事者すべてが儲かる、新たな農業モデル（=『アグリカルチャー4.0』）を確立することが求められる。

アグリカルチャー4.0に位置付けられる新たな農業モデルを描くに当たって、これまでの農業には四つの大きな問題点があることを確認する必要がある。

一つ目は、農作業が3K（きつい、汚い、かっこ悪い）と言われる産業であることだ。炎天下や寒風の下で、早朝から日暮れまで農作業が続く。定植や除草で腰をかがめたり、果物の収穫で手を高くあげたりと負荷のかかる姿勢が多く、数十キロの荷物を抱えるほどの重労働も多い。露地栽培では泥まみれになることも少なくない。筆者はしばしば農家の方の手伝いをしているが、1日働くと疲労困憊となる。さらに、残念なことだが農機による農業従事者の事故も毎年報告されている。

二つ目は、これまで何度か指摘している通り、他産業に比べて農業の現場の農業従事者の所得が低いことだ。専業農家でも、農業従事者の平均的な所得は年収300万円程度に留まることが多い。所得面での魅力が他産業に大きく見劣りすることは、農業に若い人材が集まらない最大の理由だ。特に、大卒の人材で農業を選択する人は極めて稀である。全国に農学部や農業・畜産系の大学が存在し、優秀な人材を輩出しているにもかかわらず、農業に直接関与する職業を選択する割合は低いのが現状である。オランダで数多くの農学部出身者が農業の現場で活躍しているのとは対照的である。

三つ目は、投資負担が大きいことだ。新たに農業を始めようとすると、簡単な畑作の場合でも数百万円の高額な農機を複数購入しなければならない。施設園芸であれば、数千万円の設備投資を要することも珍しくない。しかも、投資の回収率が低い上、天候リスクが伴う。農業に関心を持つ若者やUターン・Iターン人材であっても、このようなハイリスク、ローリターンの状況を甘受してでも農業をやろう、という意欲を持ちにくいのは当然と言える。高齢の農業従事者では、既存の農機や設備が耐用年数を迎えた際に、新たな投資を躊躇し、そのまま離農する事例が少なくない。

四つ目は、クリエイティビティの欠如である。農作業の現場では単純作業や反復作業が多く、農協ルートがいまだ過半を占めているという流通構造の下では、生産面でもマーケティング面でも創造性を発揮する機会は乏しい。日本の産業の歴史を見ても、技術、マーケットなどのクリエイティビティがある産業が若者を引き付けている。農業はまだその土俵に上がれていない。

以上を踏まえると、新たな農業モデルとなるアグリカルチャー4.0には、次の4点の要件が求められる。

①3Kの解消
②他産業並みの所得水準
③リターンに見合った合理的な投資負担
④クリエイティビティに富む事業環境

アグリカルチャー4.0の鍵となるIoT

上記の課題を踏まえた次世代の農業モデルを目指すアグリカルチャー4.0は、（A）農地や作物の状態をデータとして把握するモニタリングシステム（各種センサー、リモートセンシング、フィールドサーバ等）、（B）栽培データとマーケットデータを統合し、最適な生産・販売計画を導く全体管理システム、（C）全体管理システムの計画通りに自動、半自動で農作業を行う農業機器・設備（農業ロボット、自動運転農機、農業ドローン、FA化された次世代植物工場等）、によって支えられる。「自動的に集約される現場からのデータを踏まえ、全体管理システムを活用して高収益な生産計画を立案し、自らの手足となる農業ロボットや自動運転農機に作業を指示する」、ことが次世代の農業従事者の代表的なワークスタイルとなる。現在、農林水産省や内閣府が推進している「スマート農業」も、アグリカルチャー4.0の一形態に分類することができる。ただし、「アグリカルチャー4.0＝スマート農業」ではない。この点は後ほど詳細に説明する。

アグリカルチャー4.0の実現の突破口となるのがIoTである。センサー革命・通信革命・コンピュータの小型高性能化を背景に注目が高まるIoTは、前述した農業の課題解決のトリガーとなり得る。

IoTを活用したアグリカルチャー4.0により、農家は農作業の多くを自動運転の農機や農業ロボットに任せることが可能となり、一つ目の課題である3Kから解放される。植物工場等のアグリカルチャー3.5は農業従事者を重労働から部分的に解放したが、アグリカルチャー4.0ははるかに広い分野で、付加価値が低く身体的な負担の高い農作業からの解放を可能とする。当然、すべての農作業が自動化されるわけではなく、農業従事者が直接手掛ける作業も残るが、それは高度な判断を要するもの、人手で作業した方が商品価値が上がるもの（例えば「手摘み」を売りにしたい果物など)、に限定され、付加価値の低い単純作業の時間は大きく圧縮される。これにより、離農により農業就業人口が減る中でも、少ない人数で広い農地を耕作することができる。

現場での長時間作業から解放され、農業従事者は高付加価値な農産物を効率的に生産することができる。生産性の向上に加え、商品開発、マーケティング、ダイレクト販売、多分野の事業者とのアライアンスといった高付加価値な業務に注力することで、農家の所得を他産業並みに向上することが期待できる。現場作業からの解放は、二つ目の課題である低所得の解消に加え、四つ目の課題であるクリエイティブな業務へのシフトも実現する。このような新しい働き方によって、農業に関心を持つ若者だけでなく、創造的な仕事を求める人材を引き寄せるだけの魅力を備えることができる。

以上を踏まえると、③の費用対効果が最後に残った課題となる。現在、次世代の農業の姿を捉えた明確な方向性が不在なまま、様々な研究機関や企業がバラバラに研究開発を進めるため、農業生産者の視点を欠いた、コスト積み上げ式の、高すぎる農業ロボットが乱立するリスクが顕在化している。儲かる農業に資するという本来の目的から外れ、人件費の削減効果よりも高額な、採算の合わないロボットや自動化農機が開発されても、アグリカルチャー4.0の時代は切り拓けない。

この課題を解決する方法については、後ほど第4章で詳しく述べるが、乗り越えることができれば、農業はクリエイティブで儲かるビジネスへと進化する。魅力ある農業には資金や優秀な人材が集まり、持続的な発展を促す、という次世代の農業像＝アグリカルチャー4.0が見えてくる。

北海道の大規模農家から何を学ぶか

アグリカルチャー4.0の実現に向けて特に重要なのが、農業の収益性をいかに高めるかという点である。検討の前提として、日本農業もすべてが低収益というわけではないことを認識しなければならない。第1章で分析した通り、北海道の大規模な畑作農家では一人当たりの年間付加価値額が700万円を超え、世帯収入は2,000万円に達する。他産業の所得と比べても充分な所得水準であり、儲かる農業の一例と言える。つまり、北海道のような好条件の地域に限れば、現状のモデルでも儲かる農業は実現できるのである。日本農業の再浮上の鍵は、北海道の一部の農家が実現している儲かる農業を、日本全土にどのように広げるかにある。北海道のようなまとまった広大な農地が存在する地域は極めて稀であり、北海道モデルの成功をそのまま横展開することはできない。そのハードルを乗り越えるための新たなモデルがアグリカルチャー4.0なのである。

改めて北海道の大規模農業モデルの成功要因を探ろう。北海道の成功のポイントは、栽培しやすい作物（ジャガイモ、たまねぎ、ニンジン等）への選択と集中と、集約された農地における農機の高い稼働率、の2点にある。

北海道の大規模農家は農地の取得、リース（借地）に加え、他の農家から栽培を受託する生産受託、生産請負を行っているケースも多い。これにより農業従事者一人当たりの営農面積が大規模となり、栽培品目を大胆に絞り込むことで、大型農機を高稼働率で運用して、効率的で高収益な農業を行うことができるのである。ここで、北海道の農業生産者が大型農機を活用して収益性の高い事業を展開する場合、農地所有者と耕作者が異なることも珍しくないという点が重要である。

現在、農林水産省が推進している農地中間管理機構による農地集積も、規模拡大による収益性向上が主眼の一つである。ただし、北海道に限らず、農地の所有権の移転やリースには心理的、制度的なハードルがあり、農地の売買と貸借だけで十分な農地の集積を図ることは難しい。そこで注目すべきなのが、農地所有者が第三者に生産を委託し、農地の運営を意欲的な農業者に集約する、つまり「農地の所有と運営を分離する」という手法である。

日本農業固有の課題を根本から解決

第1章で述べた通り、農家の離農を受けて農業従事者一人当たりの農地は拡大傾向にある。法人化の進展や農地バンクによるマッチングの推進を踏まえると、北海道以外の地域においても数十haの農地を確保することがあながち非現実的ではなくなっている。北海道のような成功事例が全国に広がれば、日本農業の姿は大きく変わる。

しかし、農家の現状に目を向けると、前項で示した通り、営農面積が水田作では10ha、畑作では数haを超えると、面積当たりの収益は低下する傾向にある。これでは、営農面積を拡大しても、北海道のような儲かる農業は成立しない。

多くの地域で、農地を拡大しても収益性が高まらない要因は主に二つある。一つ目は、圃場（農地）の分断である。北海道以外ではまとまった農地は少なく、規模拡大をするには細切れの農地を多数抱えることとなる。農地が分散されていると、農業従事者はトラクター等の農機に乗って圃場間を移動して各圃場で農作業を行わなくてはならない。しかし、トラクターの時速は30～40km程度（農耕用小型特殊自動車に属する場合は、道路運送車両法により時速35 kmまでに制限されている）と低速であり、移動にかなりの時間を要する。せっかく多数の農地をかき集めて規模拡大をしても、圃場間の移動時間、移動コストが効率化の足かせになってしまうのである。

二つ目は、農地が広がると農産物の単価が下がってしまうことだ。高品質で単価の高い農産物を栽培するためには、丁寧な栽培が求められる。しかし、農業従事者が一人で目を配れる農地は限られている。そのため、単価の高い農産物の事業規模を拡大しようとすると、それに合わせて必要な作業者の数、労働量も増えてしまう。そこで、事業規模を拡大する場合、経営者は農産物の付加価値より、事業としての効率性を重視するようになる。その結果、①手間のかからない低単価な品目へのシフト、もしくは、②細やかな作業の省略による品質の低下が起き、農産物の単価が低下することになる。

分散された農地で効率的な営農モデルを実現するにはIoTが切り札になる。圃場の分断という課題については、農業従事者と農機の1対1の関係を打破することができる。農作業を自動化すれば、農機や農業ロボット（小型、自動運転型）の自動運転や遠隔操作により、一人の農業従事者が複数の農機・ロボットを同時並行に操ることができる。これにより、農業従事者一人当たりの作業量や管理できる農地面積が飛躍的に向上する。

自動運転の農業ロボットのイメージは、家庭で使われているルンバ等のお掃除ロボットの農業版と捉えると分かり易いだろう。農業従事者は農業ロボットを操作するのではなく、それを設置・回収するだけでよいのだ。農業従事者が農地に張り付く必要がなくなる上、圃場間の移動は農機のノロノロ運転から、小型農業ロボットを積んだ軽トラックでの迅速な移動へと様変わりし、移動コストも劇的に低下する。

このように大型農機の代わりに多数の小型農業ロボットを同時並行で運用できれば、まとまった農地が確保できない地域でも、数十ha規模の効率的な農業経営が可能となる。IoTを駆使すれば、北海道以外の地域でも、北海道と同じような高効率・高収益な農業を実現できるということだ。これにより、農業従事者一人当たりが「マネジメントする労働力」（農機、ロボット含む）が増加し、一人当たりの生産量が向上する。また、前述の通り、農機の圃場間移動の時間が減るため、農機が実際に農地で稼働している実稼働率が向上する。言い換えれば、農機が遊んでいる時間が減るわけだ。それにより、生産コストにおける農機コスト（減価償却費もしくはリース費）の割合を下げることができる。

二つ目の課題に対しては、匠の技を徹底的にデータ化すれば、センシング機能やAI機能を介して、付加価値の高い農産物のための作業を自動化することができる。それにより、栽培規模が拡大しても農業従事者の数が増えず、単価を維持することができるようになる。IoTの技術水準が上がり、アグリカルチャー4.0の重要な要素であるオープンイノベーション、アライアンスがポジティブフィードバック効果を発揮するようになれば、従来の農家よりも高精度に農産物の生育状況や品質の把握、制御することが可能になる。例えば、果実の熟度、糖度、密度などは、スイカやメロンの密度や熟度を人が叩いて調べるよりも、センサーで内部状況をモニタリングする方が信頼性が高い。

このように、IoTで二つの課題を解決することによって、農地が分散していることはむしろ長所になる可能性もある。よく管理された農地という日本特有の資産が農産物の付加価値の維持を容易にする可能性があるからである。

現状の「スマート農業」政策の効果と課題

現在推進されているスマート農業は、大規模集約化しやすい地域では大きな効果が期待される。第2章で述べた通り、既に各地の実証事業でスマート農業の先行事例が生まれつつあり、儲かる農業の確立に寄与している。

一方で、自動運転農機を始めとするスマート農業技術は、分散圃場では十分な性能を発揮するのが難しい。**図表3-3-1**の通り、日本の農業生産の大部分を占めるのは1.0～5.0haの中小規模の農業生産者である。一方で、現在のスマート農業の主要な柱である自動運転農機は、数十～数百haというより大きな農地を主な対象とした技術である。法人化や農地集積により農業従事者一人当たりの営農面積は大きく増加することが

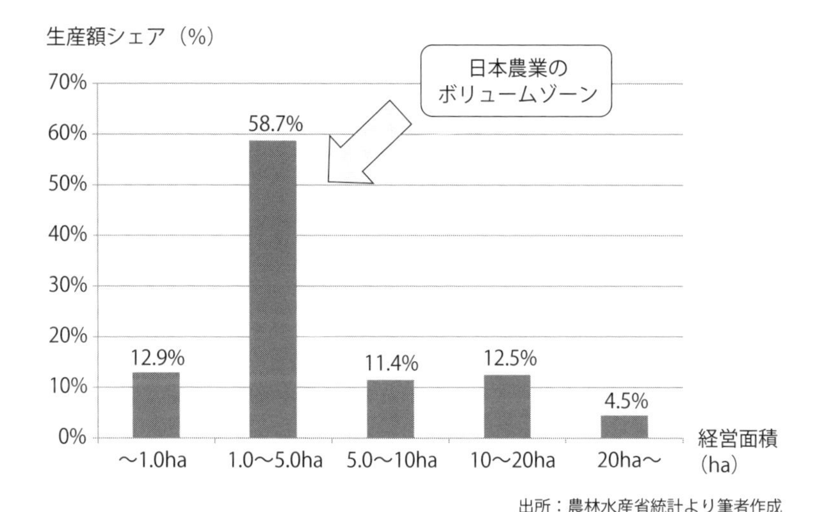

出所：農林水産省統計より筆者作成

図表3-3-1　水田作における経営面積ごとの生産額シェア

見込まれ、中小規模の零細農家から中規模農業者へ日本農業のメインプレイヤーは変遷するだろう。それでも、自動運転農機等の大型農機を主力とした現状のスマート農業は、ボリュームゾーンとなる中規模農業生産者の競争力向上には不十分と考えられる。そして、この層の農業の収益を高めないことには、日本の農業の再生は実現しない。

農機は大型化するほど規模の経済で処理能力当たりのコストが低下するが、分散圃場は1区画の農地面積が狭く大型自動運転農機には適さない。また、圃場間の移動距離が長くなると、農道だけでなく一般の公道を農機で移動することも珍しくない。公道での完全自動運転はいまだ制度的なハードルが高い上、自動運転農機に対して乗用車と同等の自動運転機能や安全装備を付与するのはコスト的にも問題になる。

スマート農業は大規模農業生産者を中心に儲かる農業の実現に成果を上げることが期待される。一方で、日本の農業のボリュームゾーンを構成する「分散圃場を抱える中規模農業生産者」に関しては上記③に示す投資の課題を突き崩せないことが懸念される。従来の農機の延長上で自動化を図っても、もともと高い農機に、さらにIoT化のコストが上乗せされることになり、手の届かないような高い機器となってしまう可能性すらある。日本の農業従事者全体が儲かる農業を実現するためには、スマート農業＋αのシステムとビジネスモデルが求められるのだ。第4章で日本農業を変えるための、具体的なソリューションを提示する。（**図表3-3-2**）

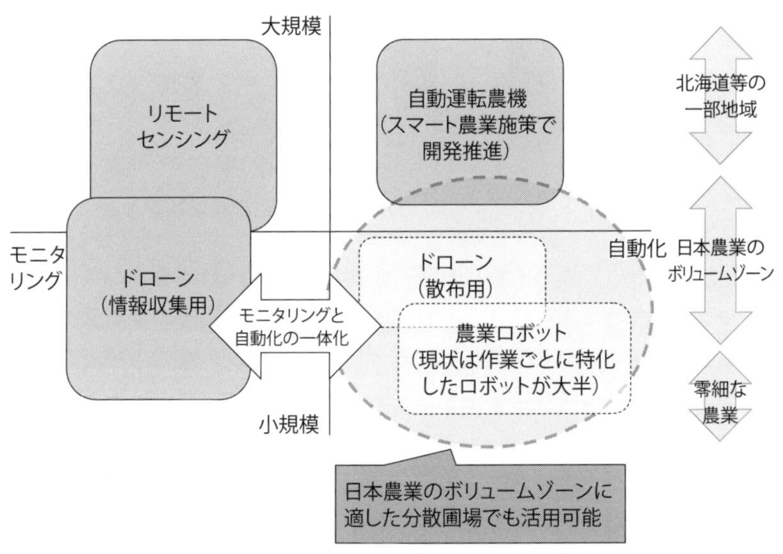

図表3-3-2　スマート農業技術の適用範囲と課題

第4章

アグリカルチャー4.0を牽引するIoT

1
農業ICT化の現状

アグリカルチャー4.0の核となる農業IoTを語る前に、第2章で紹介した農業分野のICT化がどのような構造になっているかを確認しよう。

産業としてどのようにICT化が進んでいるかを確認するために、農業分野のプロセスをサプライチェーンに沿って、「種苗調達」⇒「土づくり／播種・育苗・定植」⇒「育成」⇒「収穫」⇒「出荷」⇒「流通（加工）」⇒「販売」⇒「消費」のように整理する。（**図表4-1-1**参照）

（1）「種苗調達」のICT化

「栽培計画」

圃場を有効に利用するには、圃場の特性に合った作物の選定、作業の平準化、品質確保、作業効率の向上、コストの低下、収穫量の最大化のための栽培計画の立案が必要になる。

栽培計画の立案では、作業内容、難易度、圃場の状況のみならず、市場ニーズ（需要量や品質）の動向なども考慮した上で年間を通じた計画を作らないといけない。このため従来は、標準的な作型（地域や季節によって異なる自然環境に応じた経済的栽培を行うための類型的技術体系）により農産物市場のニーズを把握し、病害虫の対策などの栽培方法に精通した普及指導員や農協の営農指導員、民間の農業コンサルタントなどの専門家のアドバイスに依存するところが大きかった。

近年では、農作業のデータを蓄積することで、適切な栽培工程のデータベースを作り、栽培計画をクラウドで管理する動きが進んでいる。クラウドサービスでは、基本的なノウハウのデータ化も進められ、農作業に精通していない人でも、一定のレベルの計画を作れるようになってきている。

栽培内容に応じて、播種、施肥、収穫などのタイミングを最適化した栽培計画を自動的に策定することも可能になりつつある。ただし、現時点では、こうしたシステムの機能は農作業のスケジューラに近く、栽培履歴のデータ管理が主眼となっている。従来データ化されていなかったものが「見える化」された段階と捉えるのが妥当だろう。

今後は、農業生産者間の情報が連携し、市場の共通基盤となるデータベースに成長していくことが期待される。そうなれば、新規参入者や小規模農家も高度な栽培ノウハウを活用できる。

「品種選定」

適切な品種を選定するには、圃場や気候の特性、農作業の実施体制、市場ニーズ、栽培する季節、年間を通じた栽培計画を考慮して、種苗の品種、銘柄を決める必要がある。市場ニーズの予測、あるいは個別農家の農作業の体制、栽培地域の特性など複雑な条件を考慮した選定の判断は、現状、専門家のアドバイスによるところが大きい。市場ニーズの情報については、特定の品種がどの地域でどのように販売されたか、等の情報が必要になるが、現段階では個別の農業生産者がこうした情報を取得するのは難しい。

一方、従来は農協を中心とする農業関係団体や農業試験場からアドバイスを受けることが多かったが、最近では種苗会社等の民間企業からもアドバイスを受けられるようになっている。しかし、農業従事者が独自にデータベースにアクセスして品種を選定できる汎用性のあるICTの環境は整っていない。また、栽培状況に応じて肥料や薬剤等のコストを最小化し、農産物品質を高めるには、品種と生産環境、育成方法、などの因果関係を把握しなければならないが、そのためのデータ蓄積も進んでいない。

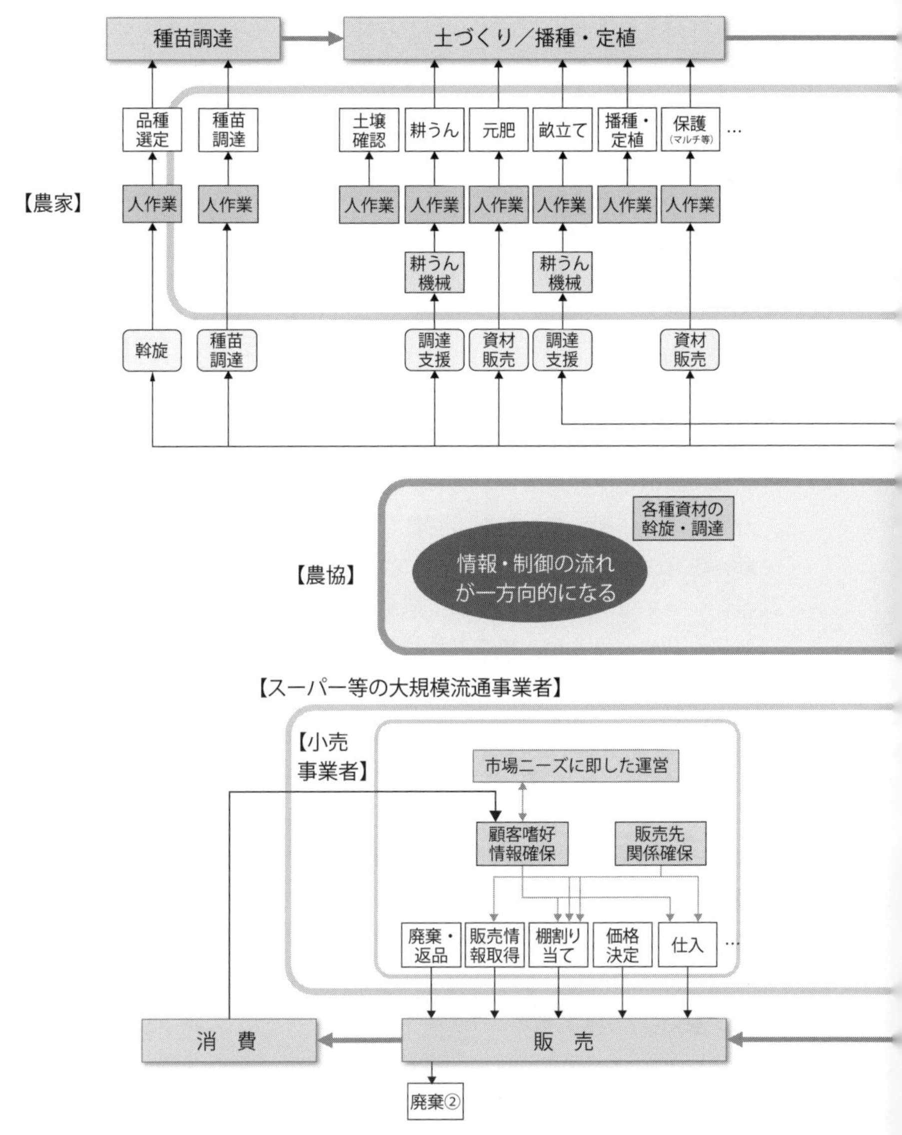

図表4-1-1　従来の農業バリューチェーンの構造

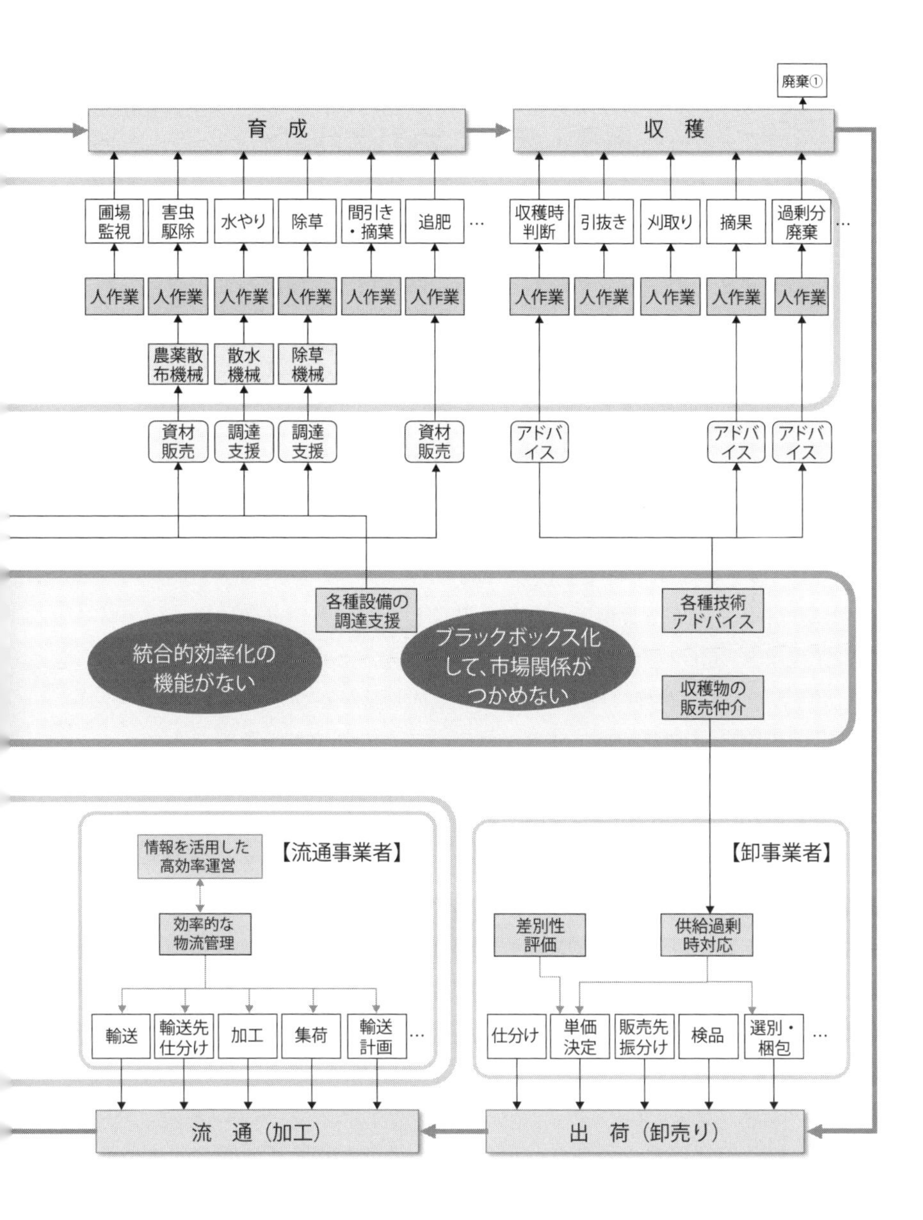
廃棄①
育　成
収　穫
圃場監視
害虫駆除
水やり
除草
間引き・摘葉
追肥
…
収穫時判断
引抜き
刈取り
摘果
過剰分廃棄
…
人作業
農薬散布機械
散水機械
除草機械
資材販売
調達支援
アドバイス
各種設備の調達支援
各種技術アドバイス
統合的効率化の機能がない
ブラックボックス化して、市場関係がつかめない
収穫物の販売仲介
【流通事業者】
情報を活用した高効率運営
効率的な物流管理
輸送
輸送先仕分け
加工
集荷
輸送計画
【卸事業者】
差別性評価
供給過剰時対応
仕分け
単価決定
販売先振分け
検品
選別・梱包
流　通（加工）
出　荷（卸売り）

出所：筆者作成

(2)「土づくり／播種・育苗・定植」のICT化

「土壌確認」

この段階で必要になるのは、土壌のpHや土壌中の肥料成分、土壌の固さなどの測定とモニタリングである。栽培期間中、土壌は酸性になりやすいため、適宜状況を把握してpHを調整しないといけない。その結果を受け、品種に応じて必要となる元肥、追肥を施す。ここで使われる肥料成分の代表的な計測方法が、EC（Electro Conductivity：電気伝導度）である。施肥が少ないと肥料成分である窒素が不足する（窒素欠乏）傾向にあるので、土壌中の硝酸態窒素などの塩類濃度をEC値で確認しながら適切に元肥、追肥を行う。最近では、ハンディー型の計測機を用いてEC値を計測する農業生産者も増えている。

従来は、一つの圃場で数か所程度しか測定しないことが多かったが、土壌の性状は2、3m単位で変化し、かつ時間経過とともに変わるので、栽培に適した土壌の維持にはきめ細かい状況把握が必要となる。しかし、細かい測定は手間がかかり過ぎ、機材コストの負担も大きくなることから普及していない。

こうした課題に対して、最近では、ドローンや無人小型ヘリコプターで撮った空中写真から2、3m四方単位の土壌の窒素成分や含水率等を計測する技術が実用化されており、きめ細かなデータ計測が進む兆しが出ている。こうした計測技術が普及して計測データを簡易に取り扱うことができ、取得したデータが栽培計画などのアプリケーションと連動できるようになれば、圃場ごとの土壌確認の業務は各段に効率化する。

「耕うん」

耕うんには、雑草が根を張るなどして硬くなった圃場を深く掘削する深耕と、ある程度柔さのある圃場を栽培に適した柔らかさにする浅耕がある。深耕は、20cm程度、深い時には40、50cm程度を耕起するため、トラクターとロータリー耕うん機が広く普及し、雑草の除去、埋没、深耕をまとめて行うことができる。浅耕は、深耕によって耕起した後に、土を柔らかくする作業だ。耕うんにより土壌中の有機物の分解が促進されるとともに、団粒構造が形成され、農作物が育ちやすい優良な土壌を作ることができる。

耕うんのICT化の出足は早い。2000年頃にはトラクターの制御用CPUの通信のためのCAN（Control Area Network）が導入され、無線LANによるトラクターの位置情報や作業情報が取得できるようになり、走行部と作業部の自動制御に発展している。近年では、トラクターの作業情報などを自動的に収集し、作業記録の分析や故障診断などを行うサービスも行われている。これにより、作業改善や故障時の早期対応が可能となった。農業ICT化の最も大きな成果の一つといえる。

しかし、ICT化のコスト負担が大きく、導入が一部の大規模農業生産者に留まっている。中小規模の農業生産者にとっては負担が重い上、農機の稼働率が低いという問題もある。また、日本には中小、変形の圃場が多いため、大型の機械では旋回時などに耕うん漏れが発生しやすく、適切に深耕、浅耕するためには熟練が必要となる。

遠隔操作やロボット化も進められており、2018年頃には、自動運転トラクターが発売される見込みである。ICTによる適切な作業経路の決定や圃場外の迂回走行の簡素化ができれば作業効率が改善する。一方で、機械費は肥料、農薬と共に農業生産者の経費の三大要素であるにもかかわらず、トラクターとロータリー耕うん機などの年間利用日数は限られている。農機の稼働率の改善は農業生産者の収益を左右するのだが、そのための具体的な方策は見えていないのが現状だ。

「施肥」

元肥・追肥をいまだに経験に頼る農業従事者が多く、農作物の品質の不均一さの原因になっている。土壌計測の結果に従って、適切な量と成分の肥料を適切なタイミングで投入すれば、農作物の品質が安定するだけでなく、三大経費の一つである肥料費を削減することができる。

最近では、EC計測や空中撮影技術＋リモートセンシング技術が発達したことで、施肥が必要かどうかを細部まで精度よく計測できるようになった。これにより、圃場内の肥料成分の少ない場所を特定し、きめ細かく調整した施肥を行うことが可能になった。また、肥料濃度の分布を計測してマップを作り、GPSで自動走行する自動施肥車両も開発されつつある。

精密な計測によって適切な施肥を行う精密農業の開発が進んだのは2000年代後半だ。例えば、テンサイ（サトウダイコン）の栽培で施肥量を25～50％削減できたという成果も得られている。一方で、いかに計測を精密にできても、追肥のタイミングは不定期で、圃場内の状況も一定ではないため、きめ細かい追肥をするには、頻度の高い作業と人件費が必要だ。

肥料費と人件費の双方を低減するには、施肥の作業を効率化するためのシステムが求められる。

「播種・育苗・定植」

農作物を圃場に植える際には、直接播種と苗の定植の二つの方法がある。直接播種とは圃場の土壌に種を直接播く方法である。例えば畝立てする野菜の場合、適量の種を人手で畝の頂部に等間隔に蒔く。小さな穴を開けて種を播き、土をかけることもある。にんじんなどの好光性作物では、覆土を薄くする必要があり、微妙な力加減が必要になる。

対して、事前に育苗した苗を圃場に植え付ける場合は、苗をポットから取り出し等間隔に開けられた穴に植え付ける。このためには、凹凸のある圃場を蛇行せずに、直線移動して、土に穴を開け、種を投下して土をかけるという一連の動作を正確に行う必要がある。大型のトラクターでは難しい作業だ。また、ポットから取り出した苗を穴に埋めるのは微妙な力加減を要する作業である。

播種・定植は作物の種類により圃場の扱いや技術が変わる上、品質を維持するための鍵となるプロセスでもある。現状でも等間隔に播種する機械などが考案されているが、農業従事者の身体的負担を軽減するレベルに留まっている。

（3）「育成」のICT化

「圃場監視」

農作業の基盤である圃場については、温度、湿度などの基本条件を把握するとともに、病気や害虫、夜間の鳥獣の侵入などから守らないといけない。温度や湿度は、圃場に設置された温度・湿度計などで計測したデータをリモートモニタリングするシステムが開発されている。

病害虫については、従来は目視に依存していたが、最近、ドローンの空中写真から病気感染を割り出すシステムが開発されている。葉の表面の反射光から、葉緑素の量、葉面積、病害虫による生育不良、食害などをつき止めることができれば、圃場の効率的なモニタリングが可能になる。そこで病害虫の発生源と感染の範囲を特定できれば、的を絞った農薬の散布で被害を最小化できる。ただし、外観からでは影響が顕著になるまで病害虫の有無を把握できない傾向があるので、熟練農家の予兆発見の知見を組み込むなど一層のシステム開発が求められる。現状では、計測が葉緑体などの情報に限られているが、食害による葉の表面の穴など、情報量の追加・拡大が欠かせない。

圃場の環境情報、生育情報は、灌水時期を決めたり、病害虫が発生する前に予防策を講じたり、収穫の時期を推定したりする上で重要な基礎データだ。つまり、計測した情報は蓄積するだけでなく、栽培作業の指示、農薬散布の場所の指示、品質と収穫量予測の関係者への通知など、栽培計画のシステム、農薬散布の機械制御システム、流通事業者への情報提供システムなど、様々な作業・システムと連動する必要がある。

現在は、ようやくデータの収集が始まった段階で、データの活用や作業・システム間の連携はこれからだ。

「除草」

作物の健全な育成を行うためには除草が必要である。圃場、畝に雑草が生えると、作物と雑草が肥料や水を奪い合う上、雑草が日光を遮断して生育不良となる、病害虫の発生確率が高まる、などの問題が生じるからだ。

除草作業は、作物と混在した畝の上の除草と、畝の外の除草とに分けられる。作物と混在している雑草は、機械で除去するのが難しく手作業に頼っている。これに対し、畝の間、圃場の周辺など作物と混在しない雑草については、近年除草用の機械、ロボットが開発されている。

除草は作業間隔を空けると草の丈が伸び、根が張るので重労働になる半面、こまめにやると労働時間が増える。機械化する場合でも、草の丈に応じてローターの高さを変えるなどの調整が必要になる。さらに、斜面の除草は機械を滑り落ちないようにするためのバランスが必要となるため、現状ではリモート操作にとどまっている。

こうした複雑な状況に対応するために、色々なシステムが検討・開発されているが、設備コストの増加、メーカーごとの冗長性の拡大という問題も起きている。今後は、分散した知見や機能を集約して、設備コストを抑え、労働負荷を低下できる除草ロボットが開発されることが期待される。

「間引き・摘葉」

品質の高い作物を育成するには、日当たりの向上や余分な養分の消費の削減のために、生育の悪い芽や葉を除去する必要がある。そのためには、生育のバランスや植物の状態を的確に捉える観察力と、「上から何段目の葉を摘み取る」など作物の種類に応じた熟練農家のノウハウが必要になる。間引き、摘葉は農産物の付加価値を高めるのに欠かせない作業である半面、労働の負荷が高いため、収益向上にはシステム化が不可欠な作業だ。特に、トマトのように背の高い果菜類の場合、負担の大きな作業となる。

しかし、こうした熟練農家の持つノウハウのデータ化は進んでいない。追肥などと共に農業の根幹とも言えるノウハウの一つであるため、一朝一夕でデータ化することはできない。特定のプロジェクトを契機にするなどして、作業記録を積み上げ、データ化を進めるしかない。それを分析して徐々に成果につなげれば、間引き・摘葉のための認識、判断、引抜き・切断の機械化、自動化の道筋が見えて来る。

(4)「収穫」のICT化

「収穫時期判断」

収穫時期は、作物の色や大きさ、表面の張り、ヘタからの取れやすさ、糖度などに基づいて判断される。これを機械化するためには、センサーを用いて色や大きさなどの非接触で計測しやすい情報、接触して得られる情報、作業の結果として得られる情報等のデータをセグメントした上で収集、分析する必要がある。

収穫は特定の時期に多くの人手を要する。農業の採算性を大きく左右する作業の一つであるとともに、的確な判断が品質と収穫量に大きく影響するため、的確さを維持した上で収穫時期を分散できるようになれば収益性の改善効果は大きい。ここでも、穀物栽培等においては衛星画像で圃場内の作物の乾燥度合などを計測し、圃場のどこから収穫すればいいかを判断できるシステムが作られている。また、多くの作物で栽培管理システムが採用されたことで、播種時期・方法、追肥時期・量、天候などの情報と熟練者の収穫時決定の実績情報が蓄積されるようになった。こうしたデータを統合して分析できれば、経験に依存してきた収穫時期の判断をシステム化することができる。

一方、収穫時期は市場のニーズを踏まえた上で判断しなくてはならない。日々変化するニーズを捉え適切なタイミングで収穫、出荷する必要がある。青果は鮮度が重要であるため、収穫日や時間帯も市場価格に影響を及ぼす。逆に言えば、時間単位で的確に収穫・出荷することができれば、収益性が向上する。そのためには、市場のニーズを収穫・出荷計画に随時反映する需給マッチングのシステムが必要になる。中期的なニーズを、種苗の選定から収穫時期の計画に反映するには市場予測の情報が重要になる。

こうした需給マッチングのシステムは大手小売業などを頂点としたサプライチェーンの一部で開発されているが、広く農業生産者が利用できる状況にはない。流通側の事業者と農業生産者の間で垣根を超えたシステムをいかに構築するかが問われている。

「引抜き」

ジャガイモ、ダイコン、ニンジン、ショウガ、タマネギなどの根菜類や、長ネギについては連続的に引き抜く機械が登場し、作業のシステム化が進んでいる。ただし、投資負担が大きく大規模な事業者が単独で用いるか、複数の農業生産者が共同利用せざるを得ないのが実態である。

また、対象となる作物の大きさなどが限定されているため、年間を通して効率化を図るには、葉ネギのように柔らかい作物など、対象作物の拡大が期待される。引き抜きの機械化は特定の作物に絞られると効率化される農産物が固定化し、市場動向にあった戦略的な品種選定、栽培を制約するという側面もある。

野菜の収穫機は作物ごとの専用機であることが多く、品種を増やすために数百万円する専用機械を複数所有すれば経済的な負担が大きくなる。作業の効率性と収益性を両立するには、柔軟な作物選定を可能とする機械の登場が待たれる。

「刈取り」

従来から、イネや麦はコンバインで刈取られてきた。こうした大規模な収穫機械と少し異なるが、近年キャベツの茎部分をカッターで連続的に切り取る機械が開発され、レタス、白菜やブロッコリーなどへも普及することが期待されている。

根菜と異なり、傷みやすい葉菜類は繊細な作業が必要になるが、市場の動向も機械化に影響を与える。葉菜類で機械化が始まったのには、加工野菜の普及という背景があった。

しかし、刈取り用機械の費用は引抜き用の機械よりもさらに高価で、1,000万円程度もするため、引き抜きと同様、大規模農家、もしくは複数農家の共同使用に限られている。ここでも、多様な作物に利用できる設備など、投資負担を適正な範囲に抑えるための開発が重要になる。

「摘果」

イチゴなどの摘果は、実を傷つけないようにやさしく扱わなくてはならないこと、熟した果実を見極めることなどが機械化の課題であった。

これらに対し、近年、果実に柔らかく触れることができる触覚センサー、実をしっかりと保持するために果実の場所を正確に把握する技術、果実の色を画像で読み取ることで熟度を把握する高度な画像処理技術、などが導入され、様々な作物の摘果を機械化することが可能になった。熟した果実を熟練した農家の手摘みのように自動で収穫する作業ができる技術が開発されている。

しかし、機械の価格が数百万円と高価であるため普及は進んでいない。高度な制御システムが開拓した先進的な領域だが、従来のロボット設計の発想から抜け出られないと、高価で普及しないロボットがいくつも開発される恐れがある。従来のロボットの設計思想では、イチゴの実のなり方、柔らかさを徹底的に分析して、イチゴの収穫に適した専門ロボットを開発するという方法がとられる。この方法では、少品種大量生産や付加価値が高い作物に利用が限定される。

自動化の効果を高め、ロボットのコストを下げるには、多品種、あるいは一つ一つの形態が異なる作物に利用を広げることが必要だ。産業用の多関節アームロボットなどの知見を活かしつつ、農業特有の事情を踏まえた開発思想が求められている。

(5)「出荷」のICT化

「選別・調整・梱包」

選別、梱包も摘果同様、作物を傷つけないように優しく取扱い、不要な部位をカットしたり長さを揃えたりした後、形状や大きさに応じて、適切に箱詰め、梱包することが求められる高度な作業である。選別、梱包に対しては、ジャガイモ、タマネギなどは早くから自動化が始まり、キュウリやトマト、モモやイチゴなどに普及するなど実績も豊富である。こうしたシステムは大規模な選果センターなどで活用されている。

選別では、重量や大きさを計測し、画像センサーで色などを把握して、大きさや熟度に合わせて自動で箱詰めを行う。コンベアが縦横無尽に走る工場さながらのシステムだ。農業のサプライチェーンにおいて、選別場は生産と物流との接点であり、最もICT化が進んでいる。

一方、対象品目を拡大するには、熟したモモやブドウなどのデリケートな作物、大根など形状が揃わない作物、生産量の少ない作物なども対象としていく必要がある。こうした扱いにくい作物に対して専用機械を作るとコストが跳ね上がる。この問題を解決するには、上述した工場さながらのシステムとは異なる設計思想や構想力が求められる。

「単価決定」

単価決定のメカニズムは20年程度の間に大きく変化した。以前は、単価は主に中央卸売市場等での「せり」などにより決められていた。近年では、スーパーマーケット等の卸売市場外での直接取引が急増しており、残りの卸売市場でも、その多くが流通データを活用した大口需要者間の相対取引となっている。

せりは公正な取引だが、当日・現場・現物主義であるため、市場によって相場が大きく異なる上、出荷量によって単価が大きく変動する。こうした課題に対応するために、数日先の予測集荷に対してせりを行う取引もあるが普及しているとはいえない。

これに対し、スーパーマーケット等の大口需要家が設定した単価が価格水準を形成することで、単価の変動が少なくなるという傾向がある。大手流通事業者のICT化が飛躍的に進んだことで、小売店の販売実績や物流コストなどの流通情報の集約が進み、集約に伴って流通事業者が一層大規模化し、さらなる情報の集約が進むという構造が生まれたからだ。大口需要家による直接仕入れは、農業生産者の安定した販売を可能とする上、流通ネットワークを活用することで売れ残りが発生し難いというメリットがある。

一方で、需要側で単価が決まるため、品質の差が比較的評価されにくく、価格が低めに誘導されるという課題がある。せりによる卸売でも、品質の差は評価されにくかったが、流通事業者の支配力が高まると、従来の卸取引以上に、価格重視の傾向が続くと考えられる。差別性のある作物が評価されるためには、生産者の差別化の情報が直接消費者に届くようなシステムが求められる。

(6)「流通（加工）」のICT化

「輸送計画」および「仕分け・配送」

青果の物流では、鮮度維持のために、輸送・経由ルートの短縮や簡素化などが求められる。一方で、中小の農業生産者から作物を集荷するため、多様かつ煩雑な輸送や仕分け作業が発生する。コールドチェーンを構築する際には、定時性、安定性を確保した上で在庫量の適正化、積み替え時間の短縮などを行う必要がある。

こうした難しい条件をクリアするには、荷物の種類や燃費、集荷場所を考慮した配車計画、ルートを考慮した効率的な積み付け計画、在庫や倉庫の空き状況の確認と入庫・出庫の手配、などについて熟練した判断と指示が求められる。

物流のICT化は早くから開発が進み、倉庫の入出荷管理、仕分け管理などのシステムが、一部の事業者で導入された。しかし、加工業を含む多数の事業者間の物流、取引の情報授受を扱うEDI（Electronic Data Interchange）等のシステムは、荷物の多様さ、システムの煩雑さから4割程度しか普及していない。中小の事業者間ではまだまだFAXなどによる受発注が多いのが現状だ。

こうした中、スーパーマーケット等の大手事業者が独自の流通網を先行してICT化した。近年では、EDIで情報連携するだけでなく、情報の規格化によって流通の全体最適化を目指した流通BMS（Business Message Standard）が、加工や流通関連の事業者を中心にサプライチェーンの管理手法として導入され始めている。

こうしたサプライチェーン管理のICT化が生産者の生産計画に接続される動きが出てきた。発展すれば、生産者と流通事業者の需給を長期的な視点でマッチングできる可能性も出てくる。しかし、現在は、特定の流通事業者と関係性の深い一部の小規模な農業生産者が情報を共有しており、その他の生産者は流通事業者を中心として個別に結びついている段階である。

流通のICT化が農業全体の収益性を改善するためには、生産から流通までを一貫するサプライチェーンの裾野が広がる必要がある。多数の農業生産者の作物の品質と計画量を考慮した上で、何社もの流通事業者が需給マッチングできる場を構築できるかどうかが問われている。

(7)「販売」のICT化

「販売情報取得」、「仕入れ」および「価格決定」

スーパーのみならず個人経営の店舗でもPOSによる販売データ管理が普及し、消費者の購入情報のデータ化は日進月歩で進化している。従来のPOSでは、購入された商品の量、価格、客層などの情報がデータ化されてきたが、近年ではID付きPOSデータを取得できるクラウドPOSの導入によりシステムの簡素化が進み、ネット販売と融合したO2Oよって消費者と多チャンネルで接続される、などによりデータの緻密さと厚みが増している。

POSは代表的なビッグデータで、現在までにも様々な分析・活用方法が提案されており、販売店では、在庫管理、戦略的な仕入れ、販売価格決定などで効果を発揮している。在庫管理では、煩雑な管理をしなくても、日々の販売状況から仕入れ量を予測することで在庫切れを防止できる。戦略的な仕入れでは、売上げの好調な商品を抽出して仕入れ量を調整することで、クリスマスなどの時期でも、有望な商品を先行して仕入れられる。他の商品との売上げの関連性を分析して、合わせ販売の計画を立てることもできる。農産物の販売価格決定でも、リンゴを産地や品種で数種類に類別し、過去の販売価格と販売数量の実績データを分析して値決めすることで売上げの最大化が図れるようになる。

このように、小売店にとって大きな効果を発揮したPOSデータだが、大手小売事業以外の分野では十分に活用されていると言えない。データ分析に高度な技術が求められたからだ。スーパーやコンビニのようなデータ分析部門を持たない店舗では、データ分析に基づく展開が難しかった。その分だけ、農業でも、販売段階のPOSのデータを活用できればICT化の成果が上がる可能性がある。産地や生産者ごとの販売傾向などの需給情報を緻密に取得・分析し、サプライチェーンの上流に展開すればニーズ起点で農業を改革することができる。

一方、現在のPOSデータに依存した流通事業者主導の市場運営では、生産者の意図が消費者に伝わりにくいという課題もある。近年、一部の生産者の情報がトレーサビリティ管理の視点で消費者に提供されるようになっているが、品質をアピールできるような段階には至っていない。需給双方向の情報を組み合わせる仕組みができなければ、生産者が付加価値向上のモチベーションを高めることは難しい。

流通事業者中心の市場運営は今後も拡大が予想されるが、日本の農業の付加価値向上のためには、生産者と消費者を近づけるICT化が必要である。

2
現状システムの問題点

前節で示した農業のICT化の現状から、次のような問題点を指摘することができる。

①農業知見データの蓄積と共有化の遅れ

品種選定、土壌確認、施肥、間引き・摘葉、収穫時期判断などの生産活動には、マーケットニーズ、栽培環境にあった品種、施肥量の実績、様々な条件下での栽培データなどが必要になる。こうした情報の多くは個別の農家や事業者の中で閉じられているのが現状だ。

除草、追肥、灌水、病害虫駆除、収穫時判断等ついては、天候予測などの情報が重要になる。近年では、異常気象による降雨量や気温の急激な上昇、それに伴う病害虫の変化や増加が露地栽培の事業環境を悪化させている。農業のリスク低減のためには長期、中期、短期の気象情報がますます重要になっている。

また、経験と勘に頼る面が多かったこれまでの農作業では、調達コスト、作業内容・時間、施肥量・場所、機械の作業効率などが適正かどうかを把握することができず、経営状況の比較分析、改善も容易ではなかった。

近年、ようやく体力のある農業生産者やIT企業などにより農業関連データが蓄積されるようになり、一部ではクラウドサービスも始まった。しかし、現在行われているデータ化は、従来、FAXや紙ベースで行われていた知識のデジタルデータ化であり、栽培計画に反映できる構造的なデータ化が進んでいるとは言えない。そのため、従来と同様データの分析・活用には熟練したノウハウが必要となり、データ活用に長けた一部の大規模農業生産者が利用するのに留まり、ほとんどの農家は個々の経験やノウハウに頼っているのが現状だ。構造的なデータ化の遅れは、農業の新規参入の障害となる上、農業全体の生産性の改善を遅らせる。

また、経験や知見に頼る段階が多いほど、人的な作業が多くなり、自動化できる範囲が限られることになる。農業に関わる専門的な知見の構造的なデータ化が進み、生産活動関連の情報、気象情報、経営情報が、大規模事業者から個別の農家まで容易にアクセスできるような環境ができることで、農業の産業としての発展が加速される。

②システムの分断

農業生産のICT化は、生産の流れに沿って示すと、以下のような作業で進み始めている。

- ✓ EC計等の土壌の計測機、ドローン、リモートセンシングを用いた上空からの写真や計測データによる土壌の窒素含有量や含水率等の分析とデータベース化のシステム
- ✓ 圃場の状態と市場のニーズに合わせて年間の栽培計画を立案して、必要な品種や資材の調達量、時期を提示するシステム
- ✓ 作業環境を計測するシステム
- ✓ 土壌と栽培環境の計測情報を分析して適切な施肥量、タイミングを提示するシステム
- ✓ 圃場での作業、トラクターなどの機械をモニタリングするシステム
- ✓ 衛星や無人ヘリコプターなどによる上空からの計測で葉内部の反応を計測し、病気や育成障害などの発見、収穫時期の判断を支援するシステム
- ✓ 各種の収穫ロボットなどを用いて効率的な収穫を行うための機械化・自動化

多くのシステムが開発されているものの、統一したガイドライン等が

不在なため、開発した企業により規格が異なり、情報や制御の連携ができないものが多い。このため、農業生産者がいったんデータを取り出して分析し、結果を次のシステムに利用するなど、作業負担が大きい上、熟練した農業従事者でなければシステム間の連携ができない状況となっている。また、開発されたシステムが栽培作業を連続的にカバーしていないため、効果が限定され、全体システムとしての効率性が高まらないという問題もある。農業に多くの企業が関心を示し、他分野で開発・利用されたICTの知見を持ち込んだのはよかったが、多くの企業が個別にシステム化を進めたことで、統合的なシステムの構築、運用が難しくなっている面がある。

③市場ニーズと生産を連携するシステム化の遅れ

的確な栽培計画の策定、品種選定、収穫時期の判断等を行うには、市場での販売状況、販売予測、さらには倉庫や輸送車両の確保等、小売や物流に関する情報が欠かせない。また、収益性を高めるには、地域特性、スーパーマーケット・農協・直販所などの大手流通事業者や小売事業者の特性を把握することも重要になる。しかし、こうした生産側の情報と市場・流通側の情報の接続は遅れている。

もともと、青果の卸売市場が厳格な現物主義、当日主義に基づく「せり・入札」による需給マッチングを行ってきたため、消費市場の取引のデータ化の必要性が乏しく、ICT化が進み難かったという歴史がある。これに対し、スーパーなど規模の大きい流通事業者はPOSの導入を契機に急速にICT化を進め、POSと物流を融合させていった。こうして流通事業者の市場支配力が急速に拡大し、ICT化が一層進むようになったという経緯がある。

一方、生産側では、小規模な農家が農協から種苗、資材や機械を供給される時期が長く続いた上、国に保護されたことで、競争のない供給市場が築かれ、市場情報との連携に対する意欲が高まらない傾向があった。その中で、天候や病害虫などの不確定な要素の影響を強く受けることから、経験と勘に頼る状況が続きICT化、データベース化が遅れることになった。これらの結果、生産と流通を融合するシステムの連携が進まなかった。

流通事業者の構築した大規模なサプライチェーンに生産者が情報を提供することで市場を広くカバーするシステムを構築する方法も考えられる。しかし、それは流通事業の価値観で農業のサプライチェーンが運営されることを意味する。農業生産者が品質向上とそれに見合った収益拡大へのモチベーションを持ち、日本の農業が特有の付加価値を活かし産業として発展できるかどうか分からない。

④高コストで斑(まだら)模様の機械化

耕うん、施肥、除草等は比較的単純な作業であることから機械化が進み始めている。これに対し、刈取り、引抜きなどについては、作物の形状や品質の確保、あるいは根や葉をどの程度圃場に残すか等の専門的な作業判断が必要となるため機械化は一部に留まっている。さらに、播種、定植、圃場監視、収穫時期判断、間引き、摘果については、作物のきめ細かい状況把握が必要な上、イチゴやモモなどではデリケートな作業が必要なことから機械化が遅れている。

このように部分的に機械化が進むと、農業従事者は部分的には農作業から解放されるものの、農作業から離れるには至らず、人的な生産性は低下する可能性すらある。農業従事者の生産性を確実に高めるためには、特定の段階の作業から農業従事者を完全に解放することを可能とする機械化が必要である。

一方、農業には様々な機械が導入されているが、トラクターであれば、除草時、耕うん時と収穫時にしか利用されず、キャベツの刈取り機であれば、キャベツの収穫時期にしか利用できない。機械の利用時間が限られることが、稼働率を低くする原因となっている。この他にも、自然環境下で使うため始動前のセッティングに手間がかかる、作業の場所と保管場所を製造業ほど合理的に配置できないなどが、機械の実質的な稼働時間を短くしている。

こうした農業特有の条件がありながら、個別の作業を機械化してきたため、機械・設備の数が増え、不稼働時間が累積されることになった。農業機械・設備の投資を回収しているのは当該機械・設備が農作業に使用されている時間だから、機械化が進むほど未回収の負担が累積的に増すという状況に陥る。

一方、倉庫に入っている場合を除くと、農機の実稼働率が低くなっている時間は人間が機械に関わらざるを得ない時間となっていることが多く、その分だけ農業者の負担が増える。全体最適の視点を欠く農業の機械化は資金面、労働面で農業生産者の負担を高めている可能性がある。

農業のグランドデザイン再構築

農業の自動化、ICT化が上述したような問題を呈しているのは、農業のサプライチェーン全体を改革するためのグランドデザインが無かったからだ。その理由は二つある。

一つ目は、サプライチェーン全体を支えるための市場構造、農業生産者の役割に関するビジョンがなかった、あるいはこれを阻む障壁があったからである。（**図表4-1-1**参照）

長い間、農業における資材の調達、作業、判断などは熟練した農業生産者にしかできない匠の技とされてきた。天候、土壌の性状、種子の特性など生態系に依存する要素が複雑に絡み合って農業に影響を与えるため、因果関係を把握し栽培技術を理論として組み立てることが難しかった面があったからだ。このため、グランドデザインを描こうとする機運は起こらず、やり易いところだけ自動化、ICT化が進むことになった。

第二次大戦前後の日本の農業は、食糧管理制度と農地解放からなる農業政策によって個別農家を中心に発展したため、事業者による市場拡大、競争拡大などの市場メカニズムが働きにくく、農協など政策的に作られた組織による管理が続いた。こうした体制の下での流通形態では、力のある生産者を中心としたサプライチェーンを軸とする市場が生まれる余地はほとんどなかった。このような歴史が、制度的に自立しているはずの農家が、事業家としての認識を得られず、労働者としての役割認識に留まった要因といえる。

政策により管理された市場からは、グランドデザインの描き手は生まれない。農業が様々な規制と政策の保護を受ける中で、サプライチェーン全体を俯瞰して日々のビジネスを営む事業者は極めて稀だ。全体を俯瞰していたのは監督官庁だが、サプライチェーンの再構築を官に求めるのは、モチベーション的にも能力的にも無理がある。

二つ目の理由は、グランドデザインを描くための知見が足りなかったからだ。植物工場を含め、ここまでの農業のICT化はそれに関わってきた人達の努力の賜物だ。しかし、それでも、グランドデザインに至らなかったのは、上述した市場構造の他にも技術的に仕方のない面がある。農業よりはるかに規制が弱く、生産側の企業の力が強く、グランドデザインを描くモチベーションの強い企業が割拠する製造業の世界でも、企業の枠組みを超えて供給側と需要側が連携するシステム作りは緒に就いたばかりだ。システムを供給する側のICT産業でも、グランドデザインを描き主導できる企業は限られている。

近年注目度が高まるIoTや第四次産業革命とは、グランドデザインの下で企業等の壁を超えてモノと情報が結びつくネットワークに他ならない。製造業はグランドデザインにモチベーションのある有力な企業が試行錯誤の中からグランドデザインを描き、ネットワークを創り上げていくだろう。農業は主体的なプレーヤーが不在な分だけ難しい状況にあるのだが、IoTや第四次産業革命の波に乗り遅れれば、産業としての劣位は一層深刻なものになるという認識が重要だ。

グランドデザイン作りに求められるIoTの三層構造の理解

広義のIoTはいくつかの層のシステムにより構成される。

第一層は、モノと接続する層だ。センサーや画像処理技術の飛躍的な進歩で、自然環境、インフラ、都市、人体などあらゆる分野の情報をデジタルデータ化できるようになったことがIoTの実現性を高めた。主にメーカーが設備・機器の制御性能向上の観点から担ってきた。設備・機械を制御する層もここに属すると考えられていて、この層のノウハウは広義のIoTの実現にとって極めて重要度が高い。設備・機械の動きをデータ化することができなければ、どんなシステムも実現できないからだ。ノイズの入り易い環境から設備・機械の動きを高い精度でデータ化するには、設備・機械の設計やデータの扱いに精通した技術者の知見が欠かせない。

第二層は、複数の設備・機器を統合的に制御するためのシステムの層だ。この層は、ファクトリーオートメーションを提供する企業、エンジニアリング関連の企業が強みを持っている。

第三層は、多くの設備・機械の動きを顧客サービス、企業運営、工場運営などの観点から分析し、時には制御するための層である。世間で言われている社会システムの変革の話はこの層を指していると思われることが多い。(**図表4-2-1**)

こうした多層のシステムを統合して実現するのが広義のIoTでありグランドデザインであるのだから、市場作りが遅れている農業で視野の広いICT化ができなかったのは止むを得ない面がある。その上で、上述した現状のシステムの問題解決のためには以下のような視点が重要だ。

視点①：データベースの共通化

製造業の工場では、1970年代のオイルショック以降、作業効率の改

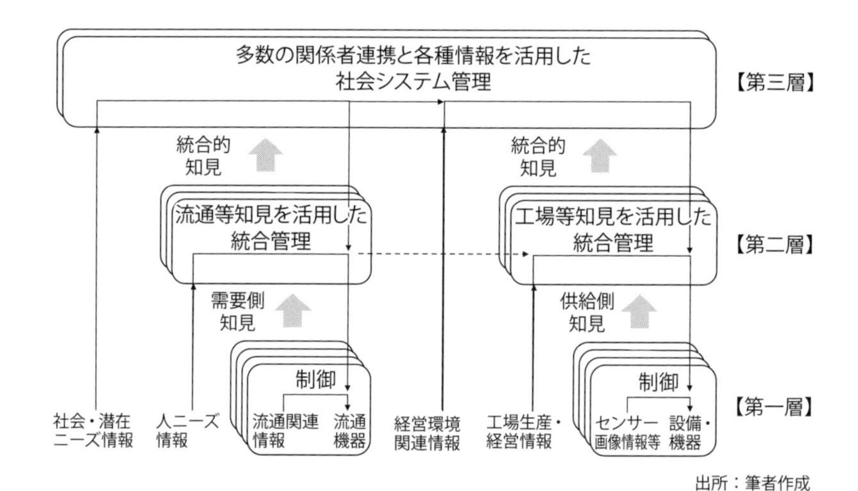

出所：筆者作成

図表4-2-1　Indutry4.0等のIoTの三層構造

善と作業品質の底上げを徹底することで、コスト削減と品質向上の両立が図られてきた。また、拡大する工場の労働力需要を満たすために作業の機能分化が進められ、作業の多くはマニュアル化・標準化された。そうした流れの中で、熟練した技能が求められる作業についてデータ化が進められた。その甲斐あって、最近では、経験と視覚や触覚などの情報による判断と作業手法が複雑に結びついていた熟練工の技についてもデータ化されるようになり、ロボット化を後押しした。

こうしたデータ化の流れはIndustry 4.0でさらに加速しようとしている。電子基板の工場を例にとると、工場内では、基盤図面のシートへの印刷、基盤の積層化、銅メッキ、エッチング、ラミネートなどの作業が複数の専用装置で行われている。従来は、製品が装置から装置へと渡される際に、作業プロセスを把握した経験豊富な作業員が製品を確認していた。これに対して、Industry4.0では、人が行ってきた判断が自動化され、どの装置からどの装置に製品を移動させるかも、作業の端末から指示を出せるようになり、場合によっては、装置自身が製品を取りに行くようにもなる。こうしたシステムを構築するためには、知見、作業ノウハウのデータベース化が前提となり、そのためには専門的な作業の分析が必要になる。

農業知見のデータ化で先行するオランダでは、ワーゲニンゲン大学を中心とするフードバレーで知識、ノウハウ、技術の集積と共有が進んでいる。そこでは、経験と勘で行われてきた農作業が科学的に分析され、細分化された作業に適切な制御技術が開発され、その知見とアプリケーションが共有化されて、農業生産者が植物工場を導入できる仕組みができている。こうしたノウハウ共有の場に同席すると、日々進歩する緻密な植物の特性分析結果と制御の思想が農業生産者を含む関係者の間で共有され、それらが制御システムに組み込まれ、農業生産に活用する、というプロセスが存在していることが分かる。単にノウハウを提示しただけでは、農業生産者に能力がなければ使いこなせないが、制御システムに組み込めるようになれば誰でも容易に利用できる。

こうしたオランダの動向、製造業の歴史を踏まえると、今後の我が国の農業で行うべきなのは、これまで様々な産業で進んできたICT化のプロセスを時間をかけて踏襲するのではなく、目指すべき新たな農業の仕組みを捉えてデータベースを飛躍させることである。つまり、従来のICT化のプロセスのように、

①事業者個別の制御システムの導入が進んだ後に、

②人を介した各種の情報の事業者間の共有が進み、

③自動的な事業者間で情報が連携し（サプライチェーンの構築）、

④自動的な制御の連携（Industry4.0）、

と進むのではなく、新たな農業システムのグランドデザインに基づき、④までの技術の進化を捉えたシステムに対応したデータベースを構築することが求められる。

視点②：システムのオープン化と連携

製造業では、工場設備の拡大に対応したファクトリーオートメーション化のために、早くから制御システムのオープン化が進められた。それ以前は、生産設備ごとに独自の仕様の制御システムが搭載されていた。このため、設備を連携して動かすためのシステムが複雑になり、ラインの変更などの際の再調整はさらに複雑となった。オープン化が進むと、異なるメーカーの生産装置でも制御システムを連携できるようになって、工場内の作業効率が向上したのはもちろん、生産機械が一層多様化し、参入企業も増えて性能向上とコストダウンが進んだ。

このようにして広義のIoTの第一層、第二層目のシステムが発展した後、工場の生産管理だけでなく、経営サイドに統合管理システム（ERP：Enterprise Resource Planning）など第三層目につながるシステムが導入された。これによって、調達計画、在庫管理計画、生産計画などを連携して経営管理ができるようになった。Industry4.0はこうしたシステム導入の経緯の上に、通信基盤、コンピューターの処理性能、センサーの性能と経済性の飛躍的な向上が重なって起こりつつあるトレンドと言える。これにより機械や設備が一層多様化し、事業者間で生産・運営計画、制御システムのデータ連携が進み、サプライチェーンのスピード、経済性、柔軟性が自律的に改善する基盤ができる。

また、熟練工の技能のデータ化も進み、熟練工に限られていた作業をロボットが担うようになる上、作業間の連携が深まり、作業者の役割は大きく変わる。装置自身がこれまで作業者が行っていた判断を担えるようになることで、作業員の役割は、装置の稼働条件の設定、性能曲線などのデータのアップデート、サプライチェーンの管理等が中心になる。

農業、特に露地栽培では、天候や病害虫など予測し難い外乱要因が大きいため、高度な生産管理や制御、ERPのような管理システムの導入は馴染み難いとされてきた。しかし、装置の高度制御化と制御システム基盤の共通化、クラウドによる情報管理システムの開発、通信基盤、コンピューターの処理性能、センサーの性能と経済性の飛躍的な向上といったIoTの環境要件が整いつつあることは製造業と同じである。さらに、天候、土壌などの計測情報、履歴情報を利用した予測精度の向上は外乱要因の予測性を大幅に高めている。農業でもサプライチェーンをカバーする、精度の高い生産計画、調達計画、制御システムが構築できる環境は概ね出来上がっているのだ。

農業において、IoT化が進めば、農家の役割は、組立工場の歴史と同様に、単なる労働者ではなく栽培計画やサプライチェーンのマネジメントに移行していくことになる。

一方、農業では、製造業に比べても、数多くの農業特有の知見が存在する。その分だけ、生産管理や生産機械の制御については、現場の知見を取り込むべく様々なシステムが開発されるはずである。こうしたシステムの方向性が拡散することなく、農業生産者が容易に受け入れることができ、複数の事業者が協調的に活用できるようなシステムが必要だ。

製造業の歴史を踏まえると、今後の我が国の農業で行うべきなのは、単に、一農家が利用できる一社一気通貫のシステムではなく、多くの事業者が柔軟に生産・運営計画システムや制御システムを活用できるシステム環境の構築と言える。

視点③：生産から販売までの融合

製造業における、生産から販売までをカバーするサプライチェーン作りへの取組みの歴史は長い。トヨタ自動車は、1960年代からトヨタ生産方式と呼ばれる「ジャストインタイム方式」、「自動化」に取り組んできた。ジャストインタイム方式では生産の統合の高度化、自動化が工場の効率化を進めた。

ジャストインタイム方式は、1980年代に米国で分析され、1990年代にリーン生産方式として体系化されると、ICTの進化と相まって販売と生産の統合へと進み、様々な業種の工場にも普及した。1980年代の米国自動車産業では、単品種大量生産方式が採用されており、見込み生産による在庫を抱え、景気の波の影響を受けやすい経営構造となっていた。これに対して、ジャストインタイム方式は、ユーザーニーズの多様化にマッチするために多品種少量生産方式とリードタイムの短縮を目指した。また、機能分化した単能工ではなく、多能工が育成され、人を重視した柔軟な組織運営が行われた。

パソコン分野では、ICTを活用することで自動車業界が長い年月かけて作ったサプライチェーンが短期間に構築されると同時に、ユーザーと流通、組立工場、部品工場、材料工場との連携が進められた。1990年代後半には、こうした流れが様々な業種に拡張し、材料から工場、市場を結ぶサプライチェーンが普及した。Industry4.0では、一層きめ細かく市場訴求力の強いサプライチェーンマネジメントを目指している。

農業では、コメは単品種（少品種）大量生産方式が主流で、野菜の露地栽培では多品種少量生産が行われている。しかし、サプライチェーンの構造は大量生産方式と大差なく、1980年代の米国の製造業に近いといえる。特に、野菜の露地栽培では、柔軟性が低く、見込み生産によって市場動向に左右されやすく、せっかく作っても生産過剰になれば作物を廃棄するような状況が続いている。製造業のサプライチェーンの変遷と農業の現状を考慮すると、我が国の農業で目指すべきは、天候など農業特有の変動要因の影響や市場の変動リスクを最小化して、多品種に対しても効率的生産が実現できる多品種少量生産型のサプライチェーンシステムである。しかも、特定の流通事業者の価値観のみで構築されるのではなく、多数の農業生産者が参加して、生産側の変動を積極的に予測することで柔軟に市場側と連携し需給計画を再構築するようなサプライチェーンとなることが求められる。これにより、農業生産者は市場の中での新たな役割を見出し、農業の付加価値を向上することができる。

視点④：経済的で体系的な機械化

製造業におけるサプライチェーン構築の上でリーン生産方式と並んで重要なのが、機械化、自動化である。サプライチェーン視点で付加価値を高めるために多品種化した上で、確実に生産を行うためには、需要情報に従って生産内容を柔軟に変更できなければならない。作業方法が同じなら、段取り作業が増える分だけ、単品種大量生産に比べて人件費が増大してしまう。そこで、工場の生産ラインを製品ごとに分けずに、生産内容に応じて簡易かつ柔軟に機械を再構成できる混合生産ラインを作り上げたのである。ここで重要なのは、共通的な作業をする機械と異なる作業を行う機械の体系を分けて配置することだ。ライン毎の時間差が発生しないように、作業が多い製品についてサブラインを設置するなどの調整も必要になる。このように、生産工程のどこかにボトルネックが生じると全体に影響が及んでしまうので、機械化、自動化では常に一定の柔軟性を保たなくてはいけない。

農業で言えば、露地野菜などは、小さな圃場での作業の段取りなどが多く、人件費が増えやすい多品種少量生産と言える。

また、製造業では、多品種少量生産のための体系的な機械化だけでなく、機械の稼働率の向上のための取組みも行われた。前述したように、80年代、米国は単品種大量生産方式によるラインの生産性に課題があり、その結果として、機械の稼働率に大きな違いが生まれた。ニーズの多様化によって生産効率が低下するだけでなく、機械稼働率の低下により増大した設備費が経営を圧迫した。これに対し、日本では設備稼働率を下げることなく機械化、自動化への投資を進めることができ、さらに経営効率を上げることができた。Industry4.0では、製造途中の製品につけられたICタグを、生産ライン上の機械が読み取って必要な作業を行うだけでなく、機械自身が自律的に生産ラインを行き来して段取り作業を軽減し、稼働率の低下を防ぐ仕組みも想定されている。人間が行っていた稼働変動の吸収力を機械に持たせようということだ。

このような製造業の生産自動化の変遷と農業の現状を考慮すると、日本の農業で目指すべきなのは、第一に、農業従事者による段取り変更などの作業を発生させずに、様々な作業を連続的に実施できる体系的な機械化を進めることである。日本の農業でも多くの作業が機械化されているが、圃場が小さいため段取り作業は減らない。トラクターでハウス内の土壌の耕うんを行う作業などが典型である。こうした作業では、段取りを効率化しても限界がある。狭い圃場でも効率的に作業できるシステムをいかに構築するかを考えないといけない。

第二に、トラクターなどの稼働率の低い機械に対して、Industry4.0のように、機械自身が自律的に稼働変動を吸収するシステムを検討することである。近年、開発されている自動運転のトラクターなどが、段取りで農家の手を煩わすことなく、稼働率の低下を防ぐように自律的に作業を進めることができれば、製造業と同様の成果を上げることができよう。しかし、現在のトラクターは、作業内容が限定されている上、稼働変動を吸収することが構造的に難しい。今までの発想を超えた新しいアイデアに基づく自動化システムが求められている。

ここまで述べた、次世代の農業のICTの方向性は、従来の農業の「常識」で見ると、違和感を持たれるかもしれない。しかし、そうした「違和感」こそ、従来の農業の自動化、システム化の発想を超えるきっかけになると考えるべきではないか。製造業では、市場ニーズに応えるために多品種少量生産のためのシステムを築き上げると同時に、他産業に比べて、現場の作業員の平均的な所得が高い生産体制を作り上げた。生産者の立場に立つ、という視点が無ければ、今でも女工哀史のような現場が続いていたかもしれない。農業にとっても、学ぶ価値のある歴史ではないだろうか。

3

農業における究極のICT化

前節で示した4つの要件に基づき描いたのが**図表4-3-1**に示すシステムである。生産から流通段階まで数多くのソフトウェア、ハードウェアで構成されるが、その中で、特に重要度の高いのが、以下に示す4つの中核機能である。

(1) 農業IoT中核機能①：「農業知見の共通データベース」

新規参入を促進する共通データベース

農業生産者にとって有効なデータには、天候や病害虫などの環境条件に関するデータ、マーケット需給に関するデータ、品種特性や育成方法等の栽培知見に関するデータ、機械設備に関するデータ、肥料の特徴、資材知見に関するデータ等がある。最近では、数か月間の長期の栽培計画を立案するための長期で精密な天候情報や、病害虫の精密な発生分布情報等が、農業特有のリスクを最小化する上で重要性を増している。同時に、施肥、収穫時期の判断など熟練した農家が長い経験の中で磨いてきた知見、最新の作物の計測・分析技術を活用した栽培技術の知見などは、農業参入や新規就農のリスクを減じ、付加価値を増すために重要性を増している。

従来、これらのデータの利用は一部の大規模農家や大手流通事業者に限られ、一般の農家にとっては、取得する手段がない、システム投資しても採算性が合わない、という問題があった。新規就農者が増加しているにもかかわらず、ノウハウを取得できないため定着率が低いという問題もある。

こうした課題に有効なのが多くの人が共有できるデータベースである。特別なネットワークや経験がなくても、上述したようなデータ取得できる環境が整えば、適切な時期に収益性の高い作物を栽培することが

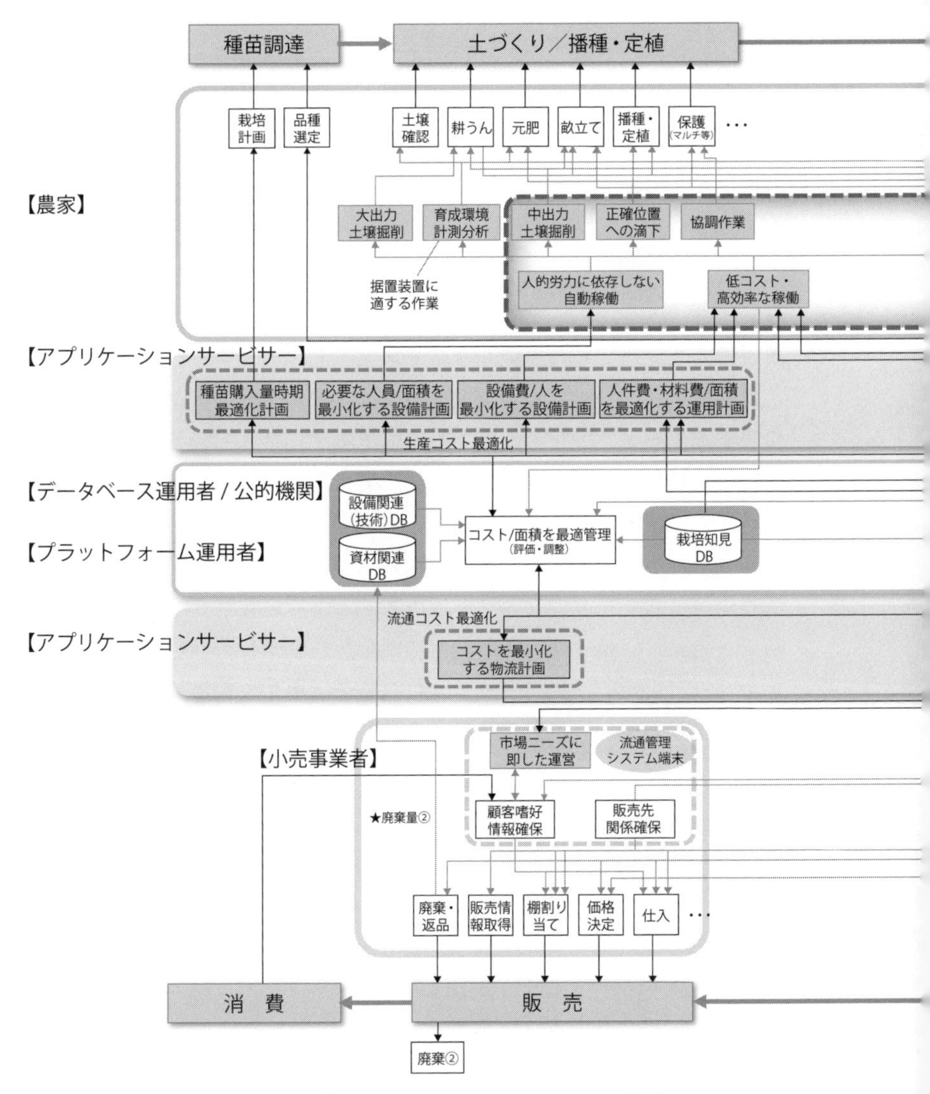

図表4-3-1　アグリカルチャー4.0のシステム構成

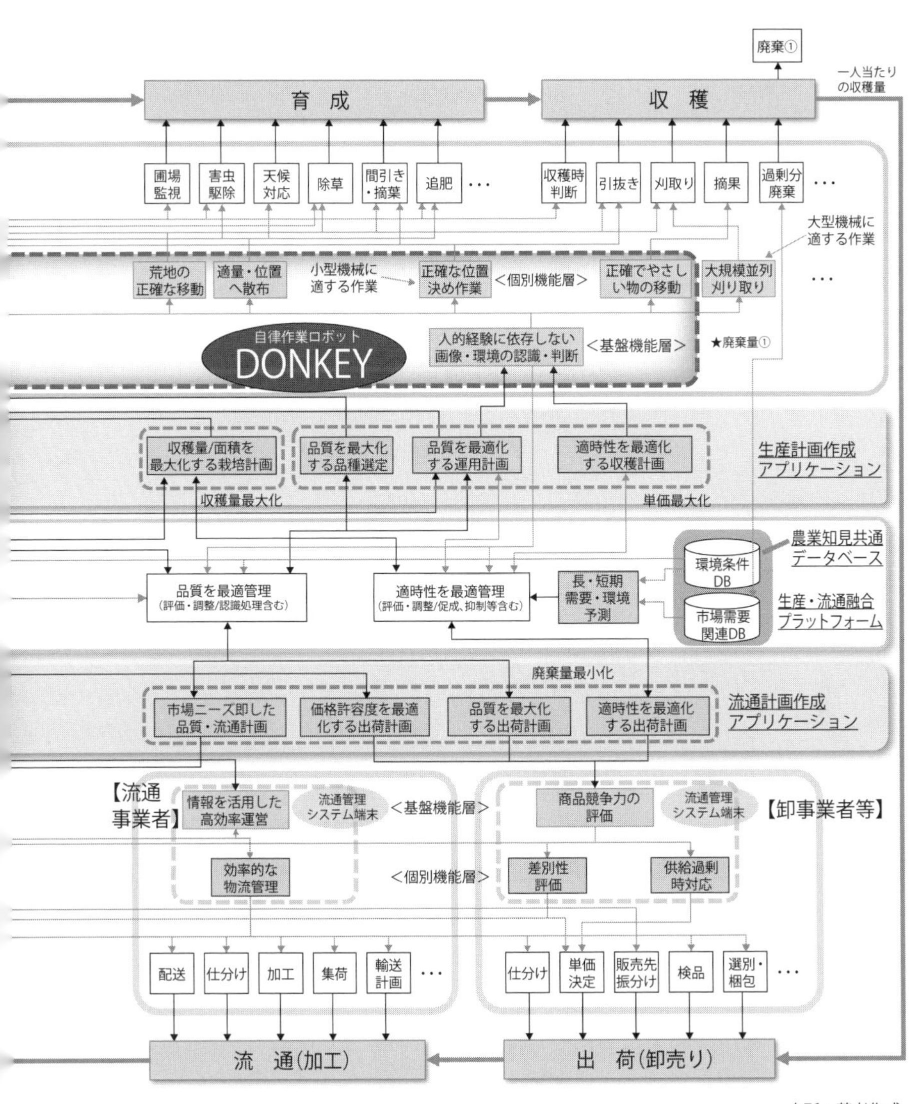

廃棄①
一人当たりの収穫量
育成
収穫
圃場監視
害虫駆除
天候対応
除草
間引き・摘葉
追肥
収穫時判断
引抜き
刈取り
摘果
過剰分廃棄
大型機械に適する作業
荒地の正確な移動
適量・位置へ散布
小型機械に適する作業
正確な位置決め作業
<個別機能層>
正確でやさしい物の移動
大規模並列刈り取り
自律作業ロボット
DONKEY
人的経験に依存しない画像・環境の認識・判断
<基盤機能層>
★廃棄量①
収穫量/面積を最大化する栽培計画
品質を最大化する品種選定
品質を最適化する運用計画
適時性を最適化する収穫計画
生産計画作成アプリケーション
収穫量最大化
単価最大化
農業知見共通データベース
環境条件DB
市場需要関連DB
生産・流通融合プラットフォーム
品質を最適管理
(評価・調整/認識処理含む)
適時性を最適管理
(評価・調整/促成、抑制等含む)
長・短期需要・環境予測
廃棄量最小化
市場ニーズ即した品質・流通計画
価格許容度を最適化する出荷計画
品質を最大化する出荷計画
適時性を最適化する出荷計画
流通計画作成アプリケーション
【流通事業者】
情報を活用した高効率運営
流通管理システム端末
<基盤機能層>
商品競争力の評価
流通管理システム端末
【卸事業者等】
効率的な物流管理
<個別機能層>
差別性評価
供給過剰時対応
配送
仕分け
加工
集荷
輸送計画
仕分け
単価決定
販売先振分け
検品
選別・梱包
流通(加工)
出荷(卸売り)

出所：著者作成

でき、熟練した農家と同じように、施肥の量や場所、時期などを決定することができる。

共有可能なデータベースに含まれるデータは既に存在しているものが多い。天候に関するデータは気象庁や気象情報事業者が、病害虫に関するデータは農水省が保有、公開している。マーケットについては卸、小売事業者が詳細なデータを持っている。品種や育成に関するデータは種苗事業者や公的な研究機関が保有している。機械・設備・農業資材に関するデータはメーカーが保有しており、公開されているものも多い。こうした既存のデータを活かし、必要に応じてデータを充実していけば、高い機能のデータベースを作り上げることができる。

官民共同投資のデータベース事業

ただし、そのためにはいくつかの課題がある。一つは、どうやってデータを提供してもらうか、もう一つは、データベースの構築・維持管理コストをどうするかである。これらの問題を解決するために前提となるのは、データを利用する側だけでなく、データを提供する側にとってもメリットのあるデータベースの仕組み作ることだ。その前提となるのは、利用者が料金を払ってでも価値があると思えるデータベース事業を立ち上げることである。有料化することでデータを継続的に充実させることができる上、データ提供者にインセンティブを提供できるからだ。しかし、利用料金で事業を成り立たせるためには、十分な数の事業者の確保、データの充実など、ハードルが高い。

そこで考えられるのは、官民共同投資によるモデル事業を立ち上げることだ。まず、データベース事業のコンセプトを提示してデータベース事業に関心を持つ事業者を集める。その上で、データ所有者とデータ利用に関心を持つ農業生産者、農業関連システム、設備事業者の参加を募る。各種のデータを統合し、利用し易い形で農業生産者に提供するためにプラットフォームが必要になるので、ここに官民の資金を投じる。立ち上がれば、日本の農業の付加価値向上に役立つことは間違いない上、事業として立ち上げるにはリスクもあるから、政策資金を投じる絶好の機会でもある。モデル事業の中で、農業生産者に役に立つようにインターフェースなどの機能を改善し、データを充実する。データ提供事業者についても、メリットがあるような仕組みを検討していく。

データ加工で参加者拡大

個々のデータ所有者のデータベースは所有権が異なる上、構造も異なり守秘性も高い。また、目的以外の用途で利用することを想定したデータベースにはなっていない。こうしたデータベースからデータの提供を受け、オープンデータベースを創り上げるのは容易ではない。そこで考えられるのがデータの加工である。データ所有者が第三者に提供できるデータ形式に変換した上で、適切な分析などの一次加工を行って共有データベースに蓄積していく。

共有データベースに蓄積するための一次加工には様々なものがある。栽培履歴の情報であれば、生の収集情報ではなく、「みかん栽培の摘蕾作業における地域ごとの葉花率の指標」のように作業履歴の分析の得られた結果として蓄積する方法がある。これには、農水省が推進するアグリ・インフォマティクスなどで蓄積が進められている情報などが活用できる。予見性の低い情報には，パターン認識等の技術を使うことができる。物流情報では、履歴や傾向の情報だけでなく、配車可能な車両の台数やスケジュールなどのデータを加工することも有効である。この他、小売り段階のPOSデータ、種苗情報、肥料等の各種資材情報、作業履歴、機械・設備のセンサー情報、などが一次加工の対象として考えられる。(**図表4-3-2**)

天候情報のように官側が所有権を有しているようなデータについては、一次加工の必要なもの、必要のないものを合わせて積極的にデータベースに供給していくことが、民間事業者の参加意欲、データ提供意欲

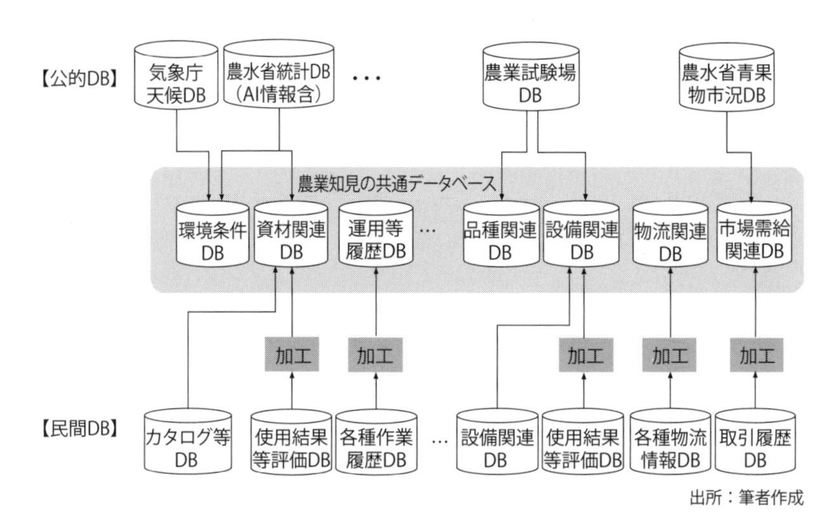

出所：筆者作成

図表4-3-2　外部と内部のデータベース構造

を高める。農林水産省等が管轄している実証事業、補助事業等でデータ提供を実施条件に加えるのも有効だろう。また、各種のデータをクロス分析するなどして、独自のデータを自律的に創出していくことが、データベースの付加価値と求心力を強めていくことになる。こうしたプロセスを繰返し、一定の収支が成り立つようになったところで、事業として立ち上げる。完全な民間事業として成立することが理想ではあるが、民間による経営を基本としながらも、事業の採算性や政策的な意義などを考え、公的な関与のあり方を検討すればいい。

(2) 農業IoT中核機能②：「計画・管理・制御で連携するアプリケーション群」

成長の基盤となるアプリケーション群

農業生産者が製造業のファクトリーオートメーションやERP、サプライチェーンなどに相当する高度な事業運営を行うには、品質、コスト、市場投入タイミングなどを最適化する様々なアプリケーションが必要になる。

例えば、品質を高め安定させるためには、圃場の特性を考慮して、(1)のデータベースから市場ニーズの高い食味等を実現するための条件を抽出し、当該条件に見合った品種の調達計画、品質を最適化する圃場の作り込みや施肥、間引きなどの作業計画、品質を考慮した出荷計画、などを作成するためのアプリケーションが必要になる。

コストを最適化するには、圃場の面積当たりの資材費（肥料費や農薬費等）を最適化する施肥計画などの運用計画、農業従事者一人当たりの機械設備費を最適化するための設備計画、圃場の面積当たりの人件費を最小化するための人員計画、流通を最適化する流通計画などのアプリケーションが必要になる。

また、市場投入のタイミングを最適化するには、作物の販売量や単価の予測、圃場の状況や作物の組み合わせによって収穫量を最大化できる栽培計画、余剰量を最小化する収穫計画、市場の状況を踏まえて単価を適正化するための出荷計画、輸送手段の混雑状況を考慮して流通コストを最適化する物流計画などのアプリケーションが必要となる。

これらのアプリケーションは「生産コスト最適化」、「収穫量最大化」、「単価の最適化」、「廃棄量の最小化」、「流通コストの最適化」の5つに分類することができる。（**図表4-3-3**）

「生産コスト最適化」：資材の調達計画、設備計画、人員計画、などのアプリケーション群。異なる観点からコストを想定し最適な計画を策定することができる。

「収穫量最大化」：栽培計画、収穫を最大化する作業計画、などのアプリケーション群。圃場の条件に合った適切な品種と栽培時期の選定、育成方法を設定・管理することができる。

「単価の最適化」：適切な品種の調達計画、品質を最適化する作業計画、作物ごとの予測単価・収穫条件、品質を考慮した出荷計画などのアプリケーション群。作物の単価を高めるための計画を策定・管理することができる。

分類		主なアプリケーションの例	最終評価軸		
			品質	コスト	適時性
生産計画系	収穫量最大化	面積当たりの収穫量を最大化する栽培計画アプリ			○
	単価の最適化	品質を最大化する品種選定アプリ	○		
		品質を最適化する運用計画アプリ	○		
		適時性を最適化する収穫計画アプリ			○
	生産コスト最適化	種苗の購入量と時期を最適化する計画アプリ		○	
		面積当たりの人件費を最小化する設備計画アプリ		○	
		一人当たりの設備費を最小化する設備計画アプリ		○	
		面積当たりの人件費・材料費を最適化する運用計画アプリ		○	
流通計画系	廃棄量最小化	市場ニーズに即した品質・流通計画アプリ	○		○
		品質を最大化する出荷計画アプリ	○		
		価格許容度を最適化する出荷計画アプリ		○	
		適時性を最適化する出荷計画アプリ			○
	流通コスト最適化	コストを最小化する物流計画アプリ	○	○	○

出所：筆者作成

図表4-3-3　分類ごとのアプリケーションの例

「廃棄量の最小化」：作物の品質管理、品質に即した出荷計画などのアプリケーション群。作物の品質と市場の需給に合わせて効率的な出荷を行うための計画の策定と管理を行うことができる。

「流通コストの最適化」：小売方法、物流手段、輸送能力を考慮した流通計画などのアプリケーション群。生産、物流を最適化するための計画を策定・管理することができる。

農業生産者の収入をアップするアプリケーション

こうした5つの分類のアプリケーションを適切に使いこなすことができれば、

『農業生産者の収益性指標』＝（「収穫量」－「廃棄量」）×「単価」／（「生産コスト」＋「流通コスト」）

を管理することができるようになり、農業生産者も製造業のように効率的な事業運営が可能になる。

そのためには、サプライチェーンの各プロセスを適切にマネジメントするアプリケーション群、アプリケーションを適切に利用するための助言、指導、これらがビジネスとして成り立つための市場環境が必要になる。アプリケーション群を漏れなく作るためには、市場の発展を待たなければならず、アプリケーションがなければ助言、指導の事業は成り立たない。また、製造業のようなシステム投資能力を持つ農業生産者は稀といえる。

これらの問題を解決するために前提となるのは、投資負担なしに低廉な料金でアプリケーションを利用できるクラウドサービスを構築することだ。クラウドサービスでは、初期段階では利用頻度が高いアプリケーション群を整備し、利用スキルの向上に応じてアプリケーションを拡大する。そのためには、アプリケーションの利用をサポートするアドバイザーを並行して育成しなくてはいけない。現在でも、多くのICT事業者が農業市場に参入したことで、コアとなるアプリケーションがいくつも登場している。しかし、農業のサプライチェーン全体をカバーするにはまだまだアプリケーションの開発投資が必要だ。そこで、既存の民間のアプリケーションを最大限に活用した上で、それを補完するアプリケーションを開発するモデル事業を立ち上げることが考えられる。萌芽が見える民間のアプリケーションの利用を促進し、アプリケーションのカバー範囲を広げる官民協働のプラットフォーム事業を立ち上げるのである。

同時に、システム会社やコンサルタント会社をネットワークしてアプリケーション利用をサポートすることで、農家とシステムエンジニアの交流を促し、農業の現場とICTビジネスの知見が融合する機会を拡大する。

（3）農業IoT中核機能③：「生産・流通のマッチングプラットフォーム」

バリューチェーンをカバーするプラットフォーム

Industry4.0の特徴は企業の枠組みを超えたバリューチェーンを上流から下流までカバーするデータ連携といえる。農業でも生産から流通までをカバーするバリューチェーンを構築できれば生産、流通の効率性が飛躍的に向上する。そのためには、(2) で示す各種のアプリケーションを個別に使うのではなく、バリューチェーンの中で最適かつ柔軟に連携できるプラットフォームが必要になる。

農業生産者は経験や実績などに基づいて市場のニーズを想定して栽培計画を立て、種苗、肥料、農業資材等を調達し、栽培作業を開始する。ここで、流通側からリアルタイムで情報が提供されるようになれば、臨機応変に出荷先、栽培計画を調整して収益リスクの最小化と収益の最大化を図ることができる。販売側も生産側から随時情報を得ることができれば、計画的あるいは戦略的な販売、マーケティングが可能になる。この際に必要になるのが、農業生産者と流通販売事業者をマッチングするオープンプラットフォームである。マッチングプラットフォームは、(1) で示した各種のデータベースを適切に活用して、(2) で示した各種のアプリケーションを連携させることで事業者間のマッチングを実現する。（**図表4-3-4**）

農産物の需給マッチングを行うシステムは、期待が大きいこともあり、これまでにいくつものシステムが開発されてきた。しかし、主な機能は農業生産者と需要家の間で需要量と供給量を合わせることを目的とした取引支援のための情報提供ツールなどであった。

これに対し、本システムは取引を支援するだけでなく、リアルタイムでの販売情報の提供、流通事業者あるいは消費者からの品質／価格の評価、各種の事業者に関する情報提供、生産側での栽培計画、運用計画、出荷計画、販売側での調達計画等の計画内容、などを加味することで、きめ細かい需給調整等を行う機能を高めたマッチングプラットフォームとなる。

例えば、生産側で栽培計画を立案する際には、天候等の環境条件、市場ニーズ等のデータベース情報に加えて、需要側の調達計画アプリケーションに設定されている情報を考慮して、栽培する品種、量、時期、圃場を栽培計画アプリケーションにより決定する。その上で、耕うん、播種などの最適な作業計画が立案され、各設備の運用を行う最適計画のアプリケーション、さらに、資材の使用、調達等の最適計画を行うアプリケーションで計画が立案される。こうした計画から、品質、コスト、出荷タイミングが算出される。それに基づき、事業者のメリットが最大化されるように、生産側と需要側をマッチングさせる。このように、各種の計画アプリケーションが連動して、需給の最適な組み合わせを算出す

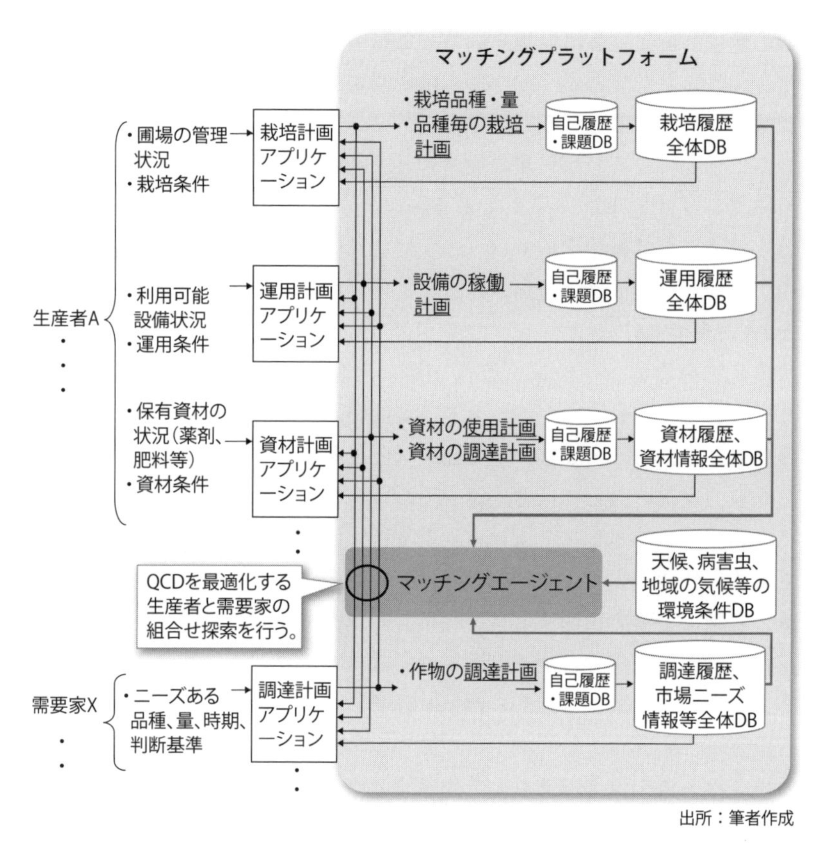

図表4-3-4　アプリケーション連携によるマッチングプラットフォームの構造

ることになる。

マッチングプラットフォームに求められるのは、生産側に消費者、小売事業者からの評価、販売ルートの情報を自動的に提供し、かつ流通側に農業生産者の情報を自動的に提供することで、生産計画・栽培計画の改善、販売機会の拡大、生産側と販売側の協働機会の拡大を図ることである。

AIマッチングエージェント

一方、価格や発注量は出荷時期が近づくにしたがって明確になり、需給調整が活発化する。こうした時間によって変化する需給を人手で調整するには、長年の取引経験に裏付けられた熟練技術が必要になるため、個々の農業生産者や小規模な小売事業者が主体的にマッチングに参加するのは難しくなる。また、熟練のノウハウがあっても、変化する市場状況に対応して、個別の農業生産者と需要家のニーズを調整することは難しい。そこで求められるのがAIを使ったマッチングエージェントである。マッチングエージェントは、各種計画をすり合わせて、供給側と需要側の適切な組み合わせの選定をサポートする。

例えば、農家や小規模な小売事業者を束ねた共同購入などによって、競争市場で劣位になりがちな事業者を支援する。AIの判断がブラックボックスになると参加する事業者が不安になるので、マッチングエージェントから、自身が提示した条件、取引相手の情報、取引内容、決定根拠などの情報を提供する。将来的には、生産者と流通側で、マッチングプラットフォームが短期、中期、長期の取引ができるように機能を高めていく。

マッチングプラットフォームやマッチングエージェントがあることで取引が固定しがちになってしまった農業生産者と流通事業者の関係を柔軟で多角的なものに変えることができる。さらに、大手事業者が過大な支配力を持ちがちな取引市場に、中小規模の農家や小規模な流通事業者も参加できるようになる。一方で、規模の小さい農業生産者でも市場のニーズに応えて生産を改善していけば流通側の事業者から評価され、モチベーションが高まり、付加価値と規模を増すという循環を創り出すことができる。

農業は事業者が小規模分散していること、農作物の鮮度劣化を防ぐためデリバリー精度が求められること、廃棄コストがかかることなどから製造業以上にシステム連携の成果が得られる可能性がある。そこで、利用されるマッチングプラットフォームを構築するためには、多くの民間事業者と協議しながら、グランドデザインに基づく標準化の在り方を検討し、初期段階においては、政策主導でマッチングができるプラットフォームのプロトタイプ作成を進めることが必要となる。モデルとなるプラットフォームは中小企業を中心とした農業関連事業者によって利用者の裾野を拡大し、ノウハウの蓄積も図ることで研究開発用途にも利用できるプラットフォームとする。政策主導の事業は得てして停滞感がでてくるから、将来的には、民間を中心とした、(1) のデータベースと(2) のアプリケーション群を活用したマッチングプラットフォームに移行することが必要だ。

(4) 農業IoT中核機能④：「小投資・多用途・無人化を目指す自動化プラットフォーム」

日本農業の付加価値向上のためのIoT

高品質で高効率な農業生産を行うには、土壌成分の緻密な計測・分析、効果的な耕うん、土壌や発育状態に応じた緻密な施肥、天候予測を加味した灌水、こまめで丁寧な除草や間引き、適切なタイミングの摘果など、様々な作業の自動化が求められる。

近年ではトラクターの自動運転化が実現されるなどIoT時代に向けた成果も上がっている。しかし、従来の自動化の枠組みで自動化本来の成果が期待されるのは、小麦などの単品種大量生産型の作物が中心となる。露地野菜などの多品種少量生産にこうした仕組みを導入すると、投資負担が嵩み、機械の稼働率が低下し、農業経営はむしろ悪化する可能性が高い。日本は小規模な農家が多く、圃場の平均面積が小さいため、多品種少量生産に合わせた機械化を進めようとすると、稼働率の低い農機を多数抱えなければならず、1980年代の米国の製造業のような経営状態になってしまう。

そこで、小さな圃場でも段取りなどの負担が小さく、稼働率が下がらない自動化が必要になる。機械の稼働期間が短いため、実稼働率が低い、専用で特殊な機械であるためコストが高い、段取りなどでの人の介入が多い、作業用途が狭い、などの課題を抱える従来の機械化・自動化では露地野菜などを営む農業生産者が経営を効率化することはできない。露地野菜などの日本特有の農業で上述した機械化・自動化の課題を解決するためには、以下のような日本型農業IoT特有のシステム化のコンセプトが必要である。

①　多目的に利用できる機能を集約したプラットフォームを作る
②　段取り・搬送の負担が少なく、量産化・標準化しやすいよう、できる限り小型化する
③　①を量産化しコストダウンを図る
④　多用途に対応できるオープンアタッチメントを多数用意する
⑤　人の介入を最小化し無人化を図る

次世代農業ロボットの5つのコンセプト

一つ目は、機械化・自動化で共通する機能、あるいは最もコストのかかる機能を抽出しプラットフォーム化することで、投資効率の向上とコストダウンを図ろうというコンセプトである。具体的には、各種計測、アタッチメントの駆動、制御、通信等の機能を集約する。多数の機能を集積したプラットフォームとなるため、オープンプラットフォーム、ロボット、IoT、農業生産、農業機械などの専門家が協力して企画・設計を進めなければならない。様々な作業に必要となる技術を評価して中核機能を集約した上で、個別の作業はアタッチメントに委ねることで拡張性を確保する。オープンプラットフォームのOS機能のデザイン、実装方法の検討がシステム化の鍵となる。

二つ目は、農業用機械の高コスト構造が単機能の大型機械を利用していることにあるという問題を、標準プラットフォーム化した多用途の小型機械により解決しようとするコンセプトだ。小型化すれば、移動や段

取りの負担が低減する、複数の圃場で同時に作業できる、コンパクト化された中核機能に開発投資を集中できる、規制の制約が少なく完全自動運転が視野に入る、多用途化することで稼働率が高まる、など多くのメリットがある。一方、圃場での作業は力を要するため、耕うん、畝づくり、施肥、播種、摘果などを安定して行うには、ある程度の本体重量が必要である。こうした小型化のメリットと課題のバランスがとられた基本デザインがシステム成功の鍵を握る。

三つ目は、最もコストのかかる部分をプラットフォーム化、小型化することで、量産効果により画期的なコストダウンを図ろうというコンセプトである。アメリカやブラジルのような国の広大な農地で穀物を育てる場合は、大型の機械を作ることで単位収穫高当たりの設備コストが下がる可能性は今後もある。ただし、それでも、本書で述べる標準化された小型機械が普及した場合、小型機械の方が経済的になる可能性も十分にある。他分野を見ても、自動車や家電のように、大量生産で生まれた製品の単位性能当たりコストは大型機械のコストを大きく下回るケースが多い。農地が分散したり、多品種少量生産になると、小型化の方が分が良くなる可能性が一層高まる。一方、小型化しても自動走行のためのセンサー数や制御機能は大きく変わらないため、コスト高を招く可能性もある、といった課題がある。

四つ目は、農業機械に求められる多用な機能のアタッチメントを分離して開発することで、開発への参加者を拡大し、コストの低減と性能向上を図るというコンセプトだ。まず、アイデアや農業の専門知識がモノを言うアタッチメントの開発をオープンにして、開発意欲のある農業生産者、ベンチャー企業、研究機関などの参加を促し、アタッチメントの種類と機能を充実させる。同時に、アタッチメント開発の裾野を広げ、競争を促し、価格の低減を図る。農業をIoT産業の立ち上がりの起点にしたい事業者が参加するようになれば、農業が先端産業になることもできる。

五つ目は、機械の段取りや自動化に漏れた作業などを最小化し、農業従事者を農作業から解放し、栽培計画、生産管理、経営改善などに注力することで、経営力のある農業従事者を育てるというコンセプトである。完全な無人化を図るには、自律的なロボット化が必要となる。小型化、多彩なアタッチメントによる性能向上に加え、AIを活用して自律化を図ることで、完全無人化に向けた道筋を作ることができる。一方、完全自動化は機械側だけで実現することはできない。農業ロボットの作業漏れ、誤判断を最小にし、農業ロボットの設計を簡易化するためには圃場側の改造も必要といえる。

このようなシステムの実現の前提となるのは、農業が産業として成長しようとすることだ。Industry4.0 に対してドイツでは工場就業者の反対が起こった。生産を最適化することで、就業者の職が奪われると懸念されたからだ。日本のアグリカルチャー4.0には、こうした反対は起きにくい。新規参入者が求められている上、高齢化、慢性的な人手不足が一層深刻化する中、省力化、自動化のための投資は歓迎される傾向にある。そこで、農業の働き方の改善、一人当たりの収益性の最大化という方針を明らかにすれば、大きな支持が得られるに違いない。

IoTは、今後あらゆる産業・インフラの分野で導入されるが、農業は導入効果が最も高い分野の一つである。上述したように追い風要素が多い上、自動車の自動運転ほどの規制緩和や制度整備を必要としないからである。

次節に、多機能化された農業ロボットについて詳述する。

4
アグリカルチャー4.0の中核『DONKEY』

（1）自律多機能型ロボット「DONKEY（ドンキー）」

前節で示した、人の手を煩わせず多機能に働く自律型ロボットは、アグリカルチャー4.0の中核となるシステムである。自律多機能型のロボット無しに、農業従事者一人一人の収入を高めることはできないからだ。大型の耕うん機のような出力やスピードはないが、人間のために色々な作業を黙々とこなすパートナーとなる。古来、ロバは牛や馬のような力はないものの、人間により添い小まめに働いたことから、この自律型ロボットを「DONKEY」と名付けよう。

「DONKEY」の概念図を**図表4-4-1**に示す。「DONKEY」は、トラクターのように人が運転せず、独立して自律的に作業を行うことを想定している。また、農機の宿命的な課題であった稼働率の低さという問題を克服するために、移動、駆動、通信、制御といった中核機能をOS的に集約し、各種のアタッチメントを用意することで、多くの作業に対応する。これにより、きめ細かな土壌の調査、浅耕の耕うん、畝立て、播種、定植などの機能を実現し、年間を通して高い稼働率を維持することを目指す。また、作業だけでなく、圃場監視、病害虫の探索、育成状態の把握などの付帯作業をきめ細かく行うことで、農業生産の安定性と品質の向上を図る。

「DONKEY」はトラクターなど従来の農機と比べてはるかに小さい。重量については、浅耕などの耕うんでも安定して作業ができる自重を維持する一方、セッティング、故障等の際に人力で移動できるように50kg程度を想定する。また、構造の簡素化、アタッチメントの操作、

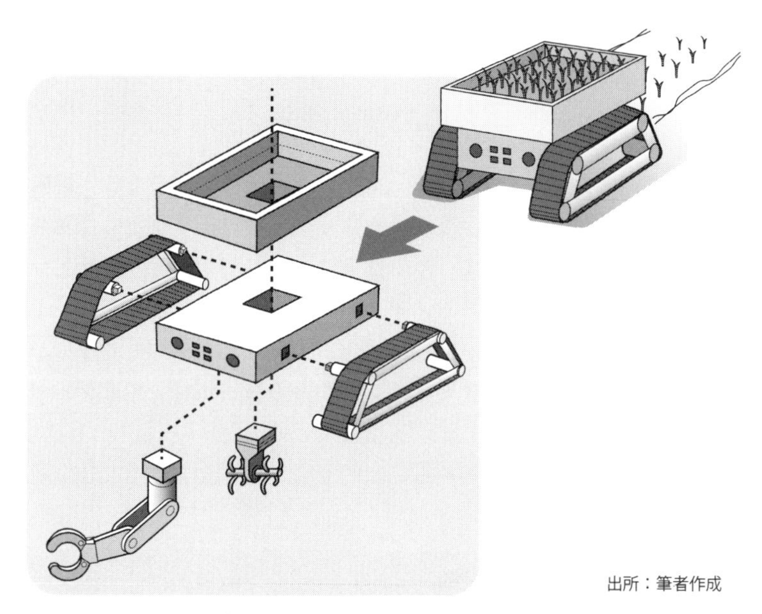

出所：筆者作成

図表4-4-1　DONKEYのイメージ図

制御の容易さ等のために電動とする。このような前提でも、電気自動車に利用されているリチウムイオン電池を用いれば、0.5反程度を連続して4時間程度で耕うんできるパワーと継続性を確保できる。除草作業であれば12時間程度、監視走行だけであれば24時間以上の連続稼働が可能だ。大きさは、リチウムイオン電池の体積が800㎤程度になることを踏まえ、ベースモジュールの寸法を（高さ）25cm×（幅）70cm×（長さ）100cm程度と想定する。これに作業の種類に応じて、走行、農作業のためのアタッチメントを装着する。

自動運転トラクターでは圃場内の人身事故等をどのように取り扱うかが課題となっている。「DONKEY」でも人身事故の確率はゼロではないが、人のいない圃場内を自動で走行するため、圃場への出入りを管理すれば事故の確率は格段に低くできる。さらに、車輪を小さくして巻き込みを発生しにくくする、低速走行に制限する、赤外線センサーなどを使った自動停止装置を装着する、など設計面での工夫も可能となる。

(2) ベースモジュールの機能概要

「DONKEY」は、ベースモジュールとアタッチメントによって構成される。アタッチメントには、後述するように、クローラなどの推進部、耕うんを行うモータとローター爪、作業アーム、苗床などの定量切り出しを行う装置、等が考えられる。アタッチメントはベースモジュールの接合部に組み込むことで稼働する。接合部では、電源と制御信号がアタッチメントに接続され、アタッチントからの情報がベースモジュールにフィードバックされる。

ベースモジュールは**図表4-4-2**に示す通り、①頭脳に当たる自律制御

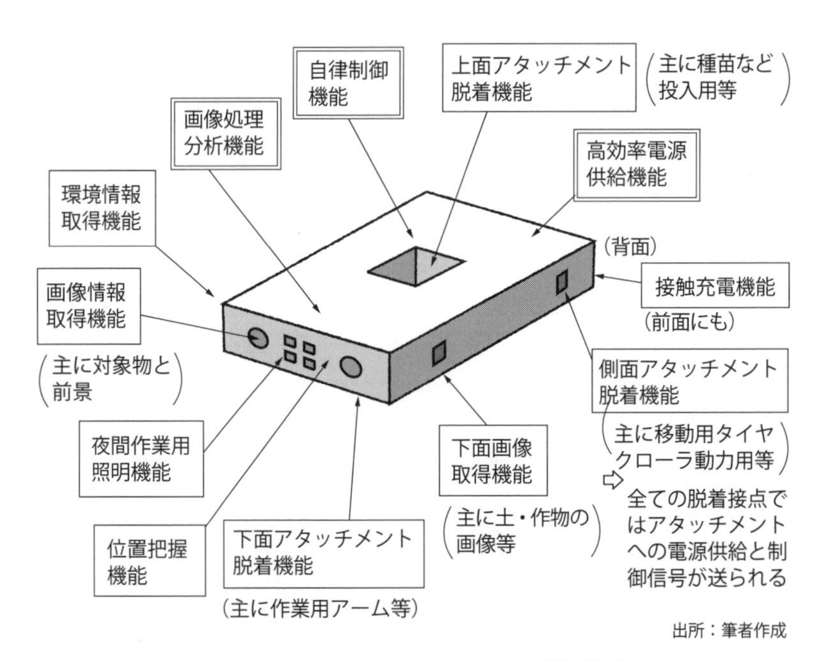

出所：筆者作成

図表4-4-2　ベースモジュールの機能構成

機能、②各アタッチメントに高効率に電源を供給する機能、③前面、下面に設けられた画像センサーの処理機能を中心とした画像情報処理機能、④GPSによる位置検出機能、⑤側面、上面、下面のアタッチメントの着脱機能、⑥接触充電機能、⑦温度等の各種センサーによる環境情報取得機能、⑧照明機能、⑨無線通信機能、がある。以下に各々の概要を示す。

①　頭脳に当たる自律制御機能

クラウドサービスのアプリケーションから作業の具体指示を受けて、必要なセンサー情報を収集し、アタッチメントの駆動部を制御して圃場内の走行と作業の制御を行う。アプリケーション側で制御ロジックを組み立てることで、走行しながら、間引き、除草、施肥を同時に実施する制御も可能とする。

②　各アタッチメントに高効率に電源を供給する機能

ベースモジュールに装備する電池から、アタッチメントに対して必要な電圧で電力を供給する。

③　前面、下面に設けられた画像センサーの画像情報処理機能

前面の画像センサーは、主に走行上の障害物や畝の形状把握に、下面の画像センサーは、間引き、定植、除草などの作業状況を確認するために使う。取得した画像情報を処理する機能を持ち、自律制御機能部にフィードバックして、ロボット内で制御を完結する。

④　GPSによる位置検出機能

ベースモジュールの位置を、準天頂衛星システム等により、2、3cm単位で測位することができる。盗難防止にも活用する。

⑤　各側面のアタッチメントの着脱機能

クローラ等の走行用のアタッチメントを側面の着脱孔で受けて固定する。作業用アーム等のアタッチメントは下面の着脱孔で受けて固定する。着脱孔は7～10cm角程度と想定される。ベースモジュールの中央には10cm×15cm程度の穴が開いており、耕うん、除草、苗を切り出す苗床等のアタッチメントの着脱孔として活用する。アタッチメントの着脱部には電力供給と制御信号の接点を備える。

⑥　**接触充電機能**

ベースモジュールの後面部に、自律的に充電を行える接触充電の接点を備える。充電接点の位置決め機能も有する。大容量の充電を行うので、安全面を考慮した接点の管理を行う。

⑦　**温度等の各種センサーによる環境情報取得機能**

温度、湿度、日照等の基本的な環境情報を取得する。ただし、主な環境情報計測はフィールドサーバーなどによる定点、24時間計測を優先する。また、赤外線センサーを装備し、進行方向前方に人や動物などがいないかを識別する。

⑧　**照明機能**

繁忙期には充電時間を除き、24時間稼働することを想定するので、夜間の作業用に照明を装備する。昼間でも雨天等暗い場合に利用する。

⑨　**無線通信機能**

クラウドサービスのアプリケーションと無線通信しながら制御する。作業情報、計測情報はリアルタイムでクラウドサーバに送信する。ロボットの故障等の緊急時には管理者にアラームを発信する。

（3）プラットフォームのシステム概念

「DONKEY」は、様々なアタッチメントを接続することで、多目的の作業を効率的にこなすことを想定している。アタッチメントを色々と組み替えた「DONKEY」の作業計画は高度で、農業従事者が策定するのは容易ではない。ロボットに詳しくない農業従事者でも、通常の生産計画さえ立てられれば「DONKEY」を使えるようにサポートシステムが必要となる。こうした視点から、「DONKEY」のプラットフォームシステムの設計では以下の点を考慮しなければならない。

① 各種のアプリケーションで作成した生産計画から「DONKEY」の利用を前提とした生産動作を自動的に作成することができる。
② 様々な開発者が作ったアタッチメントをベースモジュールの制御システムによって一括で動作できるようにする。
③ ①で策定した「DONKEY」の生産動作を各種のアタッチメントの動作に翻訳する。

こうした仕組みを実現するのが**図表4-4-3**である。以下に、システムの構造を示す。

①に対応するのが、「生産計画構築システム」である。「生産計画作成等のアプリケーション」群によって構成される。人件費や材料費を最小化する運用アプリケーション、収穫量を最大化するアプリケーション、品質を最適化する運用アプリケーションなどが、それぞれ独立して計画を立案し、併せて計画間の調整を行う。これにより、サプライチェーンの中でバランスをとった生産計画が作成される。これに従って、耕うん、施肥、圃場監視、収穫時期判断、刈取り、土壌確認、除草、間引きなどの計画が作成され、農業従事者に通知される。

この過程で、各計画アプリケーションによって、作業条件に基づいて、「DONKEY」の利用を前提とした生産計画にブレークダウンする。例えば、数日後に実施する作業を「隣り合う圃場A、Bの施肥」と農業従事者に提示するケースでは、「DONKEY」の利用を前提とした生産計画は、Aの圃場の畝の形や施肥状況などを前提条件として、どのようなルートでどのような速度で施肥を行うか、Aが終わった後に、どのようなルートでBに移動するか、までブレークダウンした計画が必要になる。

次に、②に対応するのが、ロボットコントローラの接続を行う標準ミドルウエアとなるROS（Robot Operating System）だ。ここでは、国

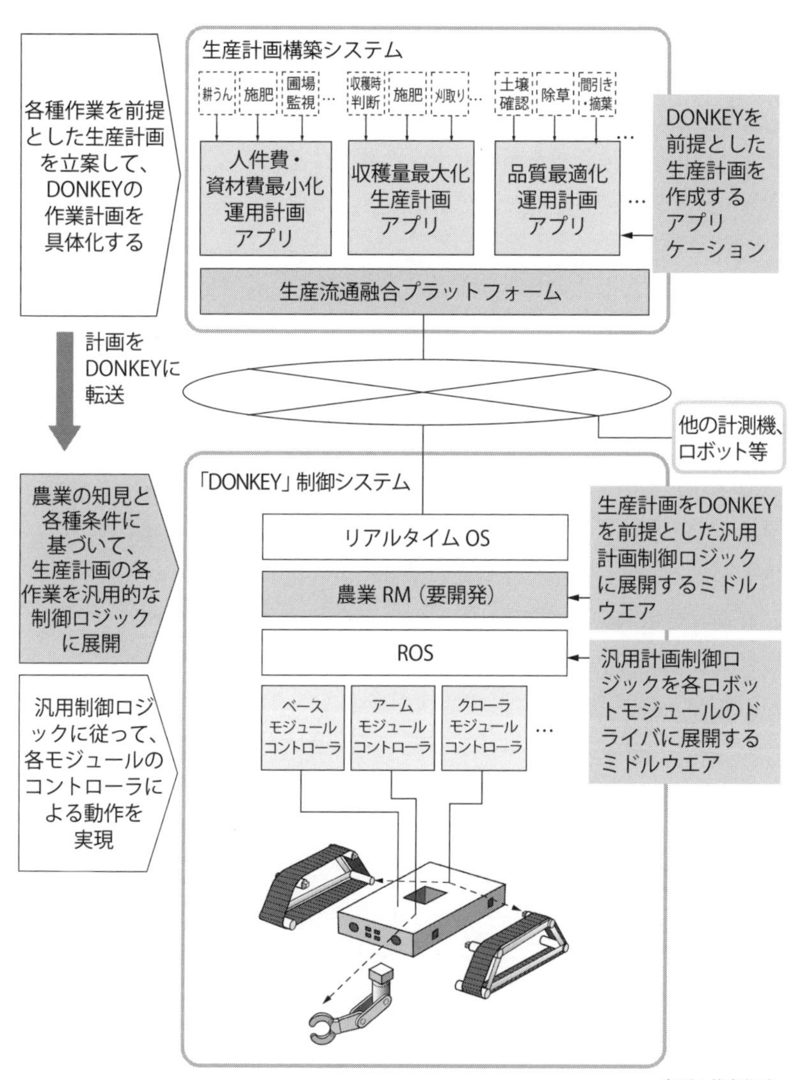

出所：筆者作成

図表4-4-3　DONKEYのシステム構成

内の様々な開発者が共通のプラットフォームで開発をすることを前提として、できる限り標準的な開発環境を利用できるようにする。ROSは、ロボットコントローラのミドルウエアとして世界的に標準化された開発環境となっており、本システムが日本発の農業生産システムとして世界展開する際にも有効だ。

最後に、③に対応するのが、本書で新たに定義する「農業RM（Robot Middleware)」である。ROSは、開発者の異なる複数のロボットに対して同じ制御目標値を提示した際に同じ動きをさせたり、開発者の違いなどを意識せずに制御設計をしたりするのに適したミドルウエアである。ロボット開発者にとってメーカーが異なる複数の部品や製品を連携させるのに有効となる。

しかし、「施肥をしろ」という命令に対して、適切な制御動作を設計することはできない。「施肥をしろ」だけでは、「ロボットの車輪の回転数をどうするか」、「どの肥料をどの程度切り出すか」などの条件が分からないからだ。自動車のエンジン制御で言えば、性能カーブの定義と、それに伴う各部品の動作の協調を実現するのが違うのと同じように、単に個々の部品を的確に動かすのに比べて、一段上のOS機能を実現するミドルウエアとなる。これが「農業RM」だ。この部分に農業ロボットのノウハウが集約されることになる。つまり、農業ロボットのミドルウエアは、ROSのように各種のモジュールのコントローラを簡易に動かすためのレイヤーと、「農業RM」のように産業として価値ある動作を行うためにモジュールをうまく組み合わせるためのレイヤーの2層構造になっている。上位のレイヤーの方が産業の競争力向上への寄与度が大きくなると推定される。その意味で、「農業RM」は「DONKEY」開発の核と言ってもいい。

こうしたミドルウエアには、農業の専門的な知見を活かしたアタッチメントのための開発環境が必要だ。ここではアタッチメント開発に必要となる農業の専門的な知見を収集でき、アタッチメントを使うと農作業がどのように改善されるかをシミュレーションできる機能を確保する。アタッチメント開発者の多くはエンジニアであり、農業の現場の課題や農作業のイメージを把握していないと想定されるからだ。同時に、システムだけではなく、農業の現場とアタッチメント開発の橋渡しを担うアドバイザーの育成も求められる。

（4）アタッチメントの構成

アタッチメントは、①走行系、②動力系、③操作系、④計測系、⑤貯留系、⑥ボディ系、に分かれ多数の種類が考えられる。

①走行系

側面に取り付ける「走行系」のアタッチメントには、クローラモジュール、タイヤモジュールなどがある。

クローラモジュールはインホイールモータを備えるとともに、ベースモジュールの姿勢を制御する装置を備えている。柔らかい土の上や、滑りやすい土の上での作業を行う場合の走行に適し、耕うん時のローター爪の反発力にも耐える安定性を確保する。耕うんによる振動によって画像の認識ができなくならないように、また、各種の電子機器への影響がでないように、アクティブダンパによって振動を抑制する機能も重要だ。（**図表4-4-4**）

タイヤモジュールは、クローラに比べてメンテナンスが少ないので、標準的なアタッチメントになる。クローラの無限軌道のゴムのような車高を制限するものがないので、高さを自由に調整できる。足を継ぎ足せば、高さ2m程度の高所の作業も可能となる。果樹のように木から摘果を行うような高所の作業では、ベースモジュールの揺れや、地面の微妙な高低の差による揺れが生じ易くなり、実を正確に捉えることができなくなる。こうした揺れもアクティブダンパによって制御して、安定した作業を実現する。

「クローラ」モジュール

・水分多い土や荒れた土上の走行を行う
・除草も可

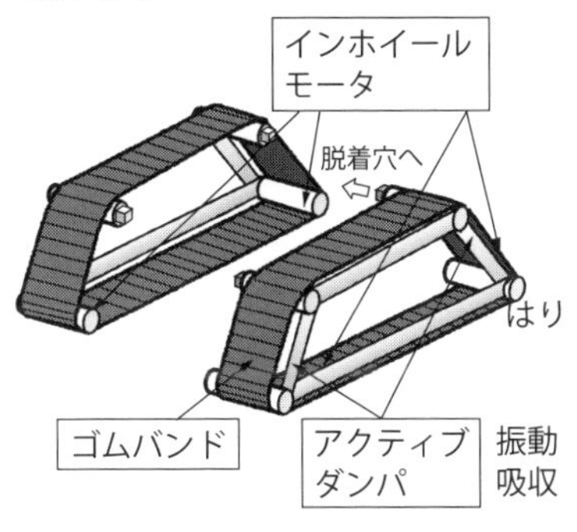

「タイヤ」モジュール

・乾いた整地された畑などで走行を行う
・振動制御効果は高い

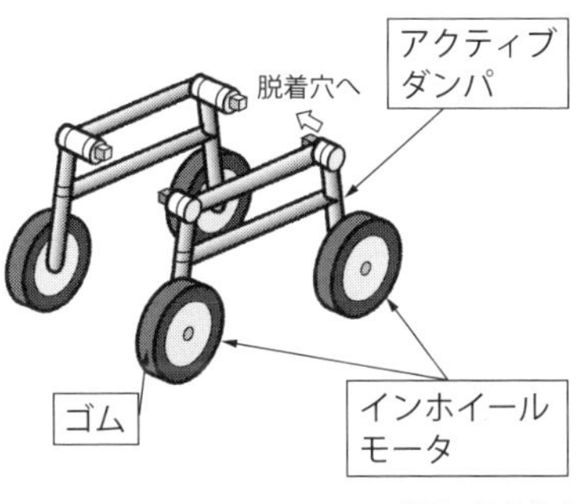

出所：筆者作成

図表4-4-4　走行系アタッチメント

ベースモジュールとは規格化された四角の突起部で接合する構造とし、着脱にはボタンを押してロックを解除する操作を行う。この着脱操作は、すべてのアタッチメント共通とする。

②動力系

大きな動力が必要な「動力系」のアタッチメントには、耕うんモジュール、除草モジュールなどがある。これらのアタッチメントはベースモジュール下面に取り付ける。

耕うんモジュールは、小型電動耕うん機と同程度の出力を持つモータを横に、両脇にローター爪を設置し、回転させて土を撹拌する。爪の種類には反動の小さいもの、省エネ性能が高いものなどを用意する。ローターの回転は、自律制御システムからの信号でコントロールする。周囲の安全などは自律制御システムによって監視する。耕うんモジュールは、ベースモジュールの中央穴に下から接合し、真下で耕うんを行う。畝を立てる場合には、後部にサイドの土を寄せる畝立て器、もしくは土をかき分ける培土器を取り付ける。他方で、長期間放置し、雑草が根を張って硬くなった圃場は、本モジュールでは耕うんできないので、トラクターによる作業が必要となる。(**図表4-4-5**)

除草モジュールは、電動草刈り機と同程度の出力を持つモータを縦に設け、下面の除草用のナイロンコード、金属刃等を回転させて除草する。除草モジュールも、耕うんモジュール同様に中央穴に下から接合して、ベースモジュールの真下で除草を行う。

③操作系

作物に対して直接作業を行う「操作系」のアタッチメントには、アームモジュール、病害虫駆除モジュールなどがある。

アームモジュールは、先端にハンドを持ったアームロボットである。先端ハンド部に触覚センサー、力覚センサーを設けて力フィードバック制御ができる。ベースモジュールに設けられた画像センサーで畝の土面を観察しながら、下面に設置された本アームで間引きやこまめな雑草取

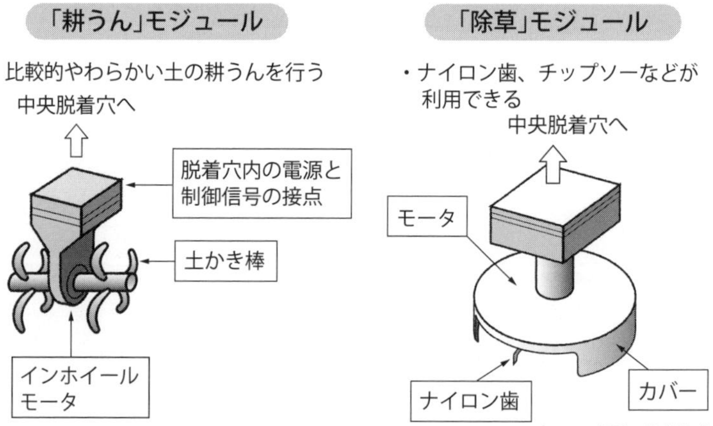

「耕うん」モジュール
・比較的やわらかい土の耕うんを行う
中央脱着穴へ
脱着穴内の電源と
制御信号の接点
土かき棒
インホイール
モータ

「除草」モジュール
・ナイロン歯、チップソーなどが
利用できる
中央脱着穴へ
モータ
ナイロン歯
カバー

出所：筆者作成

図表4-4-5　動力系アタッチメント

りを行う。自動化することで、高頻度で丁寧な作業が可能になり、雑草による肥料成分の低下や日照の低下などの予防が期待される。2m 程度での高所作業での摘果などは、上面にアームモジュールを設置する。上面のアームモジュールは、手先に画像センサーを設けて場所を把握しながら、的確に実を捉える。

病害虫駆除モジュールは、ハンドの部分に画像センサーと薬剤の吹き出しノズルを持つフレキシブルアーム、もしくは、アームロボットである。作物の丈が低い段階であれば、アームをベースモジュールの下面に設置し、丈の高いものであれば、上面に設置して利用する。葉の画像を処理して、虫を確認した場合に薬剤を噴出する。(**図表 4-4-6**)

④計測系

計測系のアタッチメントには、土壌計測モジュール、作物計測モジュールなどがある。

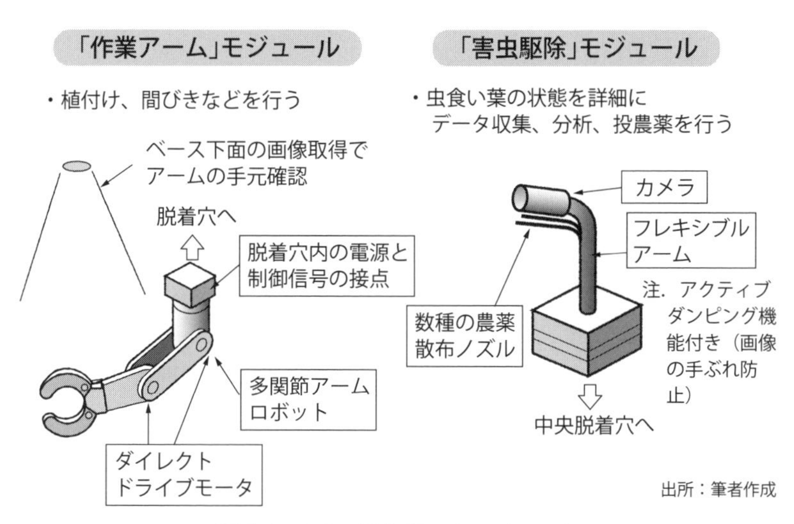

図表 4-4-6　操作系アタッチメント

土壌計測モジュールは、アームロボットのハンド部分を土壌成分計測用のマルチセンサーに交換して構成する。アームでセンサーを土中に差し込み、土壌の温度、水分、pHなどの計測を行う。

作物計測モジュールには、非破壊の糖度センサーなどがある。糖度センサーの検出部をロボットアームのハンド部に装着し、先端の画像センサー、赤外線の距離計と合わせて用いることで、実った果実に接触し糖度を計測する。こちらも高所作業となる場合には、アタッチメントを上面に設置する。（**図表4-4-7**）

⑤貯留系

貯留系のアタッチメントには、施肥モジュール、定植モジュールなどがある。

施肥モジュールは、ベースモジュールの上面に粒状の肥料を数種類分割して格納する容器と、中央の穴に取り付けられた各種の肥料を定量切

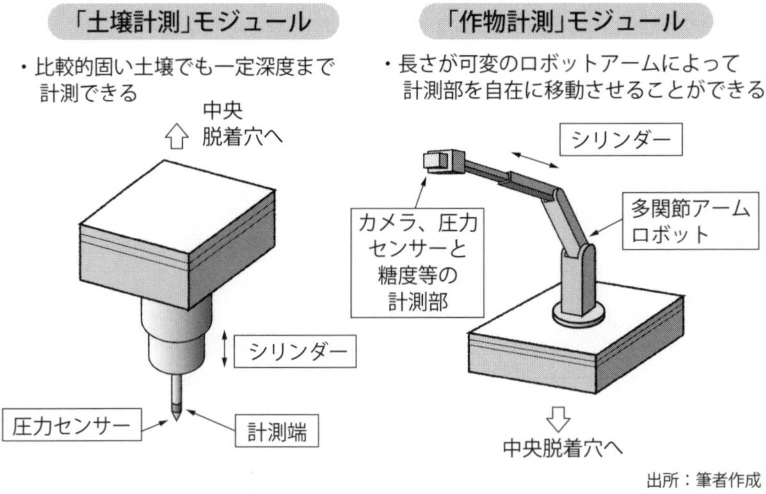

「土壌計測」モジュール
・比較的固い土壌でも一定深度まで計測できる
中央脱着穴へ
シリンダー
圧力センサー
計測端

「作物計測」モジュール
・長さが可変のロボットアームによって計測部を自在に移動させることができる
シリンダー
多関節アームロボット
カメラ、圧力センサーと糖度等の計測部
中央脱着穴へ

出所：筆者作成

図表4-4-7　計測系アタッチメント

り出す装置によって構成される。本モジュールは、土壌計測によって算出された施肥の必要量マップに従って、GPSで位置を確認しながら、切り出し装置によって適切な種類と量の施肥を行う。これによって、緻密で過不足ない施肥を行うことができる。（**図表4-4-8**）

定植モジュールは、同じくベースモジュールの上面に取り付けられた苗床と、中央の穴に取り付けられた苗の定量切り出し装置によって構成される。高品位な作業を行う場合には、2本のアームモジュールを用いる。下面前部に設置されたアームモジュールが、土に比較的大きな穴を開け、そこに切り出し装置から苗を投下し、二本目のアームモジュールが後ろから土を寄せる。これにより正確で均一な深さの定植ができる。必要に応じて、これと併せて灌水タンクから水を投入する。

⑥ボディ系

ベースモジュールは、畝の幅に応じて大きさを変える必要がある。畝の幅を変える場合に、70cmより広くする場合には、ボディを大きくす

「施肥」モジュール

・品質、土壌の状態に応じて適切な施肥を行うことができる

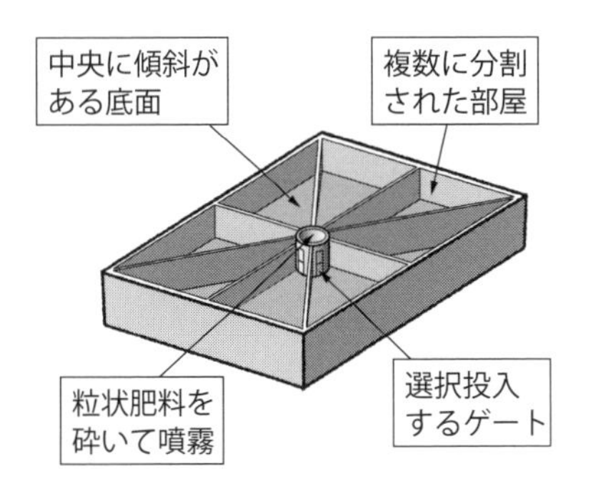

「定植」モジュール

・壁のプッシャで押し出された苗をセレクターで等量切り出しを行うことができる。

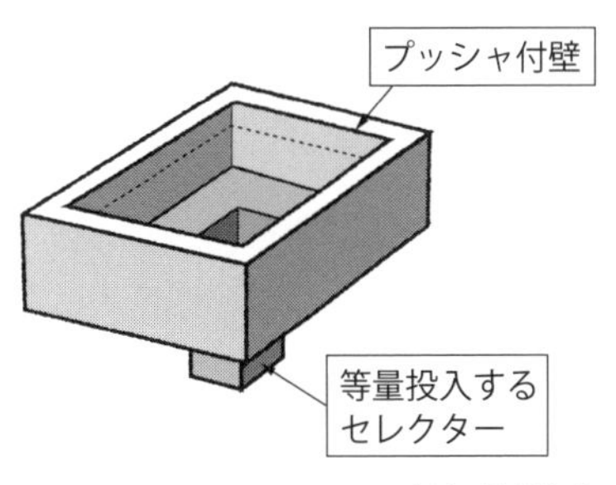

出所：筆者作成

図表4-4-8　貯留系アタッチメント

るアタッチメントを用いる。ベースモジュールを一回り大きなボディモジュールに組み込む。また、水没する危険がある場合には、浮力のあるフロートでボディを覆うことができるようなフロートモジュールも用意する。ただし、将来的には、作業を規格化するために、畝の幅を一定にするなど、「DONKEY」の操作性に圃場の形状を合わせるノウハウを蓄積する必要がある。

（5）「DONKEY」が生み出す未来の農業生産

上述したベースモジュールとアタッチメントをシステムで組み合わせることで、農業従事者の仕事は以下のように変わる。

「土壌計測から追肥と間引きを行ったある日の作業」

朝、農業従事者は倉庫で充電中の「DONKEY」が「フル充電」であることを確認する。昨日作業に使ったアタッチメントを外した後、接合部のメンテナンスを行い、当日必要なアタッチメントを接合して「DONKEY」の電源を入れる。どのアタッチメントを接合すればいいかは、昨晩のうちに作業計画に基づいて農業従事者のスマートフォンに写真付きのリストが送付されている。

電源が入り、その日の作業内容をダウンロードした「DONKEY」は、接合されたアタッチメントが間違っていることを認識し、農業従事者にスマートフォンのアプリケーションで適切なアタッチメントを指示する。改めて別のアタッチメントを接合すると、適切なはめ込みがされていないことが指示される。いったんアタッチメントを外して、接合部をブラシで掃除して再度はめ込むと正常に準備が完了したことが示された。すると、「DONKEY」は、移動用車両として登録してあり、荷台にタグがつけられたトラックの昇降板を自律的に上り、荷台に停止する。

農業従事者は「DONKEY」の電源をいったん切って、トラックで圃場に向かい、圃場内に数か所設けられた「DONKEY」の待機所に向かう。到着すると、そこには昨晩の土壌計測を終えたもう一台の「DONKEY」が待っている。トラックを止めて荷台の「DONKEY」のスイッチを入れると、数秒で自動的に荷台から降りて、待機所にいるもう一台の「DONKEY」の横に移動して停止する。

その後、「DONKEY」は計画に基づいて、施肥と間引きの作業を行うために、待機所から圃場内に移動する。計画通りの位置についた「DONKEY」は、GPSで位置を確認しながら、昨晩、もう一台の「DONKEY」が計測した施肥マップに基づいて施肥を開始する。同時に下面の画像センサーで作物の状態を確認しながら、間引く対象を自動で選定してアームモジュールで引き抜き、ベースモジュールの横に取り付けられた袋に入れていく。

農業従事者は「DONKEY」の作業スタートを確認すると、作業を終えて待機しているもう一台の「DONKEY」に近寄り、一時停止を解除する。すると、もう一台の「DONKEY」は、タグが付いているトラックが付近にいることを見つけ、自律的に昇降板を上り荷台に停止する。

農業従事者は、荷台の「DONKEY」の電源を落とすと、トラックで倉庫に帰る。そして、倉庫で、昇降板を下して、再度電源を入れると、「DONKEY」は自動で充電場所まで移動し、後部の接触充電部から充電を開始する。

経営者に変わる農業従事者

この間に、農業従事者が実施した力作業は、「DONKEY」のアタッチメントの取り外しと組み立てだけであり、昨夕に「DONKEY」を圃場に運んで、朝、入れ替えをする以外の時間は他の業務に充てることができる。

この日は、午前中、マッチングプラットフォームを介して組成された共同グループの葉ネギ栽培の生産者の会合に出席して、品質向上のノウハウやアピールポイントを共有し、販売促進の戦略検討を行った。午後には、WEBで紹介された新しいアタッチメントの実栽培デモンストレーションに出席するために仙台まで行き、現地の農業生産者が試験的に栽培したアーティチョークに関する生の感想を聞くために、レストランにも立ち寄った。

このように、現場での作業から解放されると、農家は市場動向に基づいた栽培技術獲得、販売戦略、市場調査、などに多くの時間を割く経営者を目指すことができるようになる。

ここでまで見てきたように、市場と連携した生産から流通までのバリューチェーン全体を管理するプラットフォームシステム、アプリケーション群と「DONKEY」を用いることで、農業生産は労働集約型産業から脱皮し、製造業と同様かそれ以上の付加価値を持つ生産活動になる。農業生産者の収益性が向上し、作物の高付加価値化に注力する余力が生まれ、産業競争力が向上するのだ。こうした一連のプロセスがパッケージとなれば、海外市場の開拓も大いに期待できるようになる。

5

アグリカルチャー4.0がもたらす農家の所得向上

アグリカルチャー4.0で年収1000万円を目指す

アグリカルチャー4.0で開発されるシステムを用いれば、日本農業のボリュームゾーンである営農面積数haの農家でも儲かる農業モデルを作ることができる。

今後も離農による余剰農地が増え続けることは間違いない。現状数haの農家の営農規模を数倍程度まで拡大することも可能だが、北海道のような数十～数百haまで拡大するのは現実的ではない。例えば、露地での野菜栽培なら、10ha強の農地でいかに儲けるかを考えることが重要である。

北海道以外の地域で、多くの従業員を抱える経営者ではない、普通の農業従事者が年収1,000万円を得ることができれば、優秀な人材を農業に呼び込むことができる。このような収益構造が現実的になって初めて、農業は真の「成長産業」になれる。

効果試算のモデルケース

露地で野菜を栽培する個別経営体（**注**）（農林水産省の「平成26年営農類型別経営統計（(個別経営))」における露地野菜作単一経営）を年収1,000万円のモデルケースと想定する。標準的な農業生産者は、農地面積2.0～3.0haで、作付面積は2.79haである。なお、作付延べ面積は農産物の作付面積であり、年に複数回作付けすることがあるため、農地面積よりも広くなっていることに留意が必要である。

（注）個別経営体：個人または一世帯によって農業に従事する経営体のこと。一方で、複数の個人、世帯が参加する場合は、「組織経営体」と呼ばれる。

現状の農地面積2.0～3.0haの農業生産者の人件費を含めた粗収益は1,064万円だが、農業従事者一人当たりの収入は213万円に過ぎず、農業以外での収入や年金を合わせて家計を維持している。農業だけでは生活できていないのである。

アグリカルチャー4.0での営農モデルを検討する際、モデルケースとして、こうした標準的な農業生産者が、離農者の農地の取得・賃借、周辺の高齢農家からの作業委託などにより、作付面積を現状の4倍の10ha程度に拡大すると仮定する。その上で、農業生産者がDONKEYを導入して作業の大部分を自動化することで、現状の人員数で4倍の農地を耕作できると仮定する。

比較分析するのは、以下の3モデルである。②と③の平均作付面積を同一に揃え、収入や支出を比較分析することで、従来の延長としての農地拡大と、アグリカルチャー4.0の一環としての農地拡大の違いを明確にする。

【分析対象のモデル】
モデル①：現状の農地面積2.0～3.0haの農業生産者（平均作付面積：2.8ha）
モデル②：現状の農地面積2.0ha～の農業生産者（平均作付面積：10.8ha）
モデル③：アグリカルチャー4.0を導入した農業生産者（平均作付面積：10.8ha）

現状の耕作方式で単純に農地を4倍にすると、前述したように手のかかる高単価な品目から手間のかからない低単価な品目へシフトして単収が減少するため、規模が大きくなっても農業従事者一人当たりの収入はさほど増えない。

所得向上効果のシミュレーション

DONKEYを始めとするアグリカルチャー4.0のシステムを導入した場合の事業収支の改善効果を、農林水産省統計データを使って試算する。

ここでは、農業従事者個人が年収1,000万円程度を確保できるかどうかを次の式から検証する。

【算出式】

✓ **農業従事者一人の収入＝（農業粗収益－農業経営費）／農業従事者数**
- 農業粗収益は農業関係の売上高を示す
- 農業経営費は農業関係の費用を示す

✓ **売上高＝生産量×歩留まり×出荷単価**
- 生産量＝単収×農地面積

✓ **費用＝農機具費＋農用建物費＋資材費＋維持補修費＋光熱水費＋運送費＋金利＋委託費＋その他経費**
- 農機具費、農用建物費は減価償却費やリース費の合計
- 資材費：農薬、肥料、梱包費等

アグリカルチャー4.0がもたらす主な効果として、①省力化による農業従事者数と人件費の削減、②減価償却費の低減、③規模拡大時の付加価値担保による出荷単価の維持、④規模拡大時の単収維持、⑤光熱水費の低減、⑥維持補修費の低減、の6点が挙げられる。一方で、新たにDONKEYのシステム料が上乗せされるため、事業収支を総合的に判断することが重要である。（**図表4-5-1**）

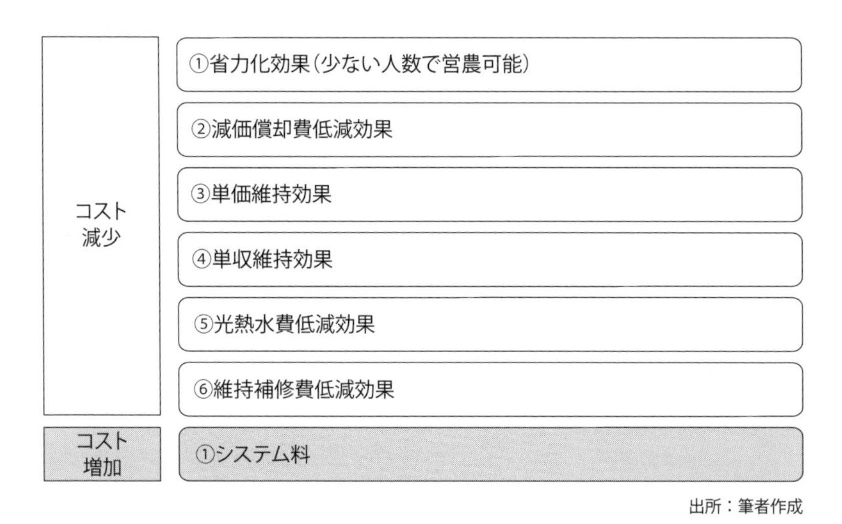

図表4-5-1　アグリカルチャー4.0のコスト増減要因

①省力化効果

高齢農家を中心に離農が増加する中で、残された少数の意欲的な農業従事者で農業を維持するための重要な観点である。一人当たり農地面積が従来の4倍に増加（農業就業人口の減少、耕作放棄地の活用、近隣農家から作業受託の効果を合算）し、それに伴い一人当たりの売上げも増加する。

人員数は、現状は「農業経営関与者の就業状態別人員数（年末）」の就業者計を採用した。アグリカルチャー4.0の導入により、一人当たりの農地面積が4倍（面積当たりの人員数は1/4）になると想定する。DONKEYを導入した際の農作業のイメージは本章の（4）を参照のこと。

加えて、繁忙期のパート従業員が不要になり、自営農業者のみの人員数に絞り込み可能とする。これにより、費用から農業雇用労賃をカットすることができる。

人員数の削減は費用低減に加え、『（農業粗収益－農業経営費）／農業従事者数』の分母が小さくなるため、農業従事者一人の収入をさらに押し上げる効果がある。

②減価償却費低減効果

DONKEYの導入による減価償却費の削減効果を検討するためにDONKEYの概算コストを想定する。前項までに述べた通り、DONKEYはベースモジュールとアタッチメントから構成される。ここでは一般的なトラクターや収穫機等を代替できる耕うんや収穫等のアタッチメント一式を揃えることとする。

ベースモジュールの主たるコスト要因は電池、制御システム、通信システム、躯体等となる。これに基本的なアタッチメント一式を揃えると、だいたい200万円くらいの販売金額が想定される（量産化された段階の想定コストであり、生産台数や今後の技術革新により上下する）。農機からDONKEYへの小型化による規模の不経済に伴うコスト増は、DONKEYの量産効果で相殺可能と考える。DONKEYは本体部分が共通化されており、様々なタスクにアタッチメントの交換で対応するため、本体部分は軽トラック以上の量産効果が期待できる。

次に、従来の農機を代替するために必要なDONKEYの台数を試算する。DONKEYの作業能力は中型農機の1/5程度となる。だからといって、1台の農機を代替するのにDONKEYが5台必要なわけではない。

DONKEYの効果の一つは稼働率の向上である。稼働率向上に寄与するのは、①無人運転のため昼夜問わず稼働可能、②圃場間移動やセットアップ時間が削減可能、という2点である。

例として、DONKEYによる耕うん作業を考えよう。耕うん作業におけるDONKEYの連続作業時間は電池容量の制約から4時間程度となる。規模の大きな圃場を耕す際、DONKEYは2班体制となる。耕うん作業を時系列に追うと、始めにDONKEY①が4時間作業した後、DONKEY②が代わりに投入され、その間にDONKEY①は充電され、DON-

KEY②の電池が切れる4時間後に再投入される。つまりDONKEYは1台あたり12時間／日稼働することとなり稼働率は50%となる。小型ロボットのDONKEYは軽トラックに積み込んで持ち運びできるため、充分な充電時間を確保できる。(**図表4-5-2**)、(**図表4-5-3**)

従来の農機は農業従事者が自ら運転することから、休憩時間、準備時間、圃場間移動時間を差し引くと、実質的な作業時間は多めに見積もっても8時間程度、つまり稼働率33.3%程度と想定される（品目・地域・時期等による差異はあるが、ここでは試算のため単純化している）。

以上から、1セットの農機（トラクターや収穫機等）を代替するためのDONKEYの台数は次の式で求められる。

農機1セットを代替するDONKEYの台数

＝1×（DONKEYの稼働率／農機の稼働率）／（DONKEYの作業能力／農機の作業能力）

＝1×50%／33.3%×５＝3.33台

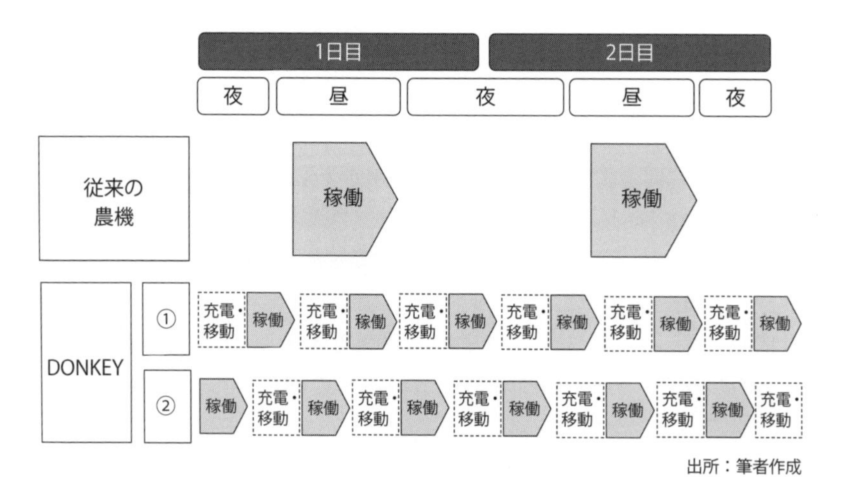

図表4-5-2　DONKEYの栽培モデル

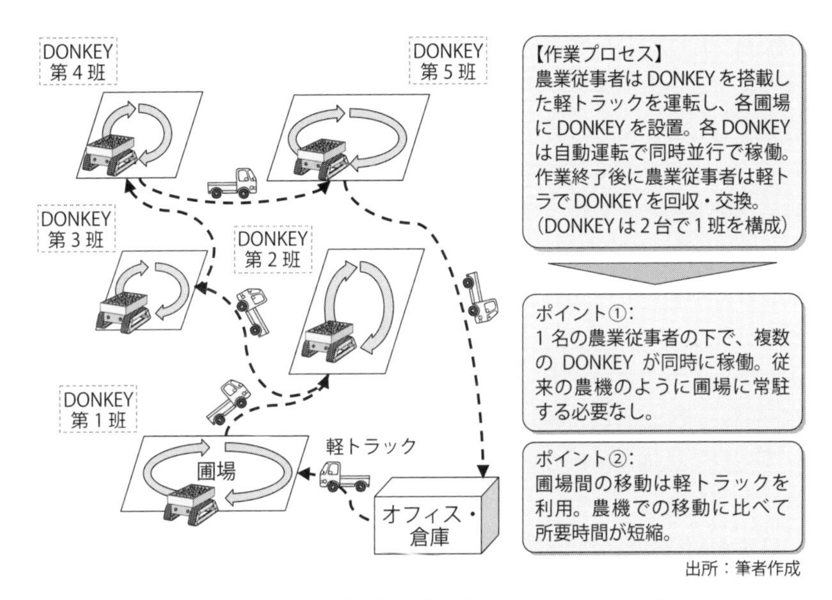

出所：筆者作成

図表4-5-3　分散圃場で効果を発揮するDONKEY

従来、農家は、トラクター、収穫機等の複数の農機を利用しており、初期投資額は1,000～1,500万円程度となるため、ここでは1,300万円と仮定する。これらの農機を、DONKEYで代替すると、前述の稼働率を加味し、農機代は1,300万円から200万円×3.3台＝660万円に低減する。つまり、DONKEYの導入により農機の初期投資額は半減させることができる。なお、台数の端数についてはレンタル、リース、近隣農家との共有等で対応する。

DONKEYの耐用年数を従来農機と同等とすると、減価償却費も初期投資と同様に半減する。

③、④単価、単収維持効果

農業ロボットDONKEYにより農業がIoT化、AI化されることで、栽培面積が広くなっても高付加価値な品目の栽培が可能となる。従来は農地が拡大すると人手不足で難しくなっていた細やかな作業や見回りを自動化することができ、単価の高い品目の栽培を継続することができるからだ。また、品質低下を防止することもできる。ここでは、人手でも圃場に目配りができる中小規模経営の時と同等の単価を維持できると仮定した。

また、従来の営農体系では規模拡大とともに管理レベルが低下し、単収が低下することが散見された。アグリカルチャー4.0のシステムを導入することで農地が拡大しても適切な管理ができるようになり、中小規模経営と同等の単収が維持されると仮定した。

さらに、単価と単収の統合指標として、粗収入／作付面積を用いた。アグリカルチャー4.0のシステムの導入（効果③＋④）により、粗収入／作付面積は2.0～3.0ha時と同水準を維持できると想定した。③と④の効果により、粗収入／作付面積は現状の5.0ha強の平均値より17％向上する。

⑤光熱水費低減効果

電動であるDONKEYは、エネルギー費の低減にも貢献する。トラクターの軽油代とDONKEYの電力代について、「耕うん・収穫時における簡易燃料消費量推定法」（道総研中央農業試験場）の分析結果等をベースに試算する。

軽油のエンジンから電動のモーターに変わることで、エネルギー効率の向上とエネルギー単価の低下を見込むことができる。従来のトラクターでは270円／10aのエネルギー費がかかっていたが、DONKEYでは197円／10aとなり、25％程度安くなる。

農水省の統計データにおける光熱動力費には農機のエネルギー費以外の費用（農用自動車の燃料費等。露地栽培のため冷暖房費は基本的に発生しない）も含まれる。そこで全体の5割程度が農機のエネルギーコストと想定すると、DONKEYの導入により光熱動力費を12.5%削減できると想定される。

⑥維持補修費低減効果

DONKEYの導入により、維持補修費も大幅な低減が期待できる。維持補修費（年額）は以下の式で試算できる。

維持補修費＝初期投資額×維持補修費の割合

まずは従来の農機について見てみよう。統計データによると農機具費のうち、減価償却費と維持補修等のランニングコストの比率は1.4：1となっている。つまり、農機具費のおよそ約4割が維持補修費といえる。乗用型トラクターの耐用年数は8年程度であるから、維持補修費（年額）は初期投資額の約6%になる。

DONKEYはそもそもの初期コストが従来型農機と比べて低いが、維持補修費にかかる割合を下げることもできる。維持補修費は部品代とメンテナンス代に大別できる。前者の部品代について、DONKEYは汎用的な部品から構成されており、部品代の初期投資に占める割合は農機よりも50%ほど下がると仮定する。一方で、メンテナンス費については、エンジンよりもメンテナンスが容易な電池＋モーターを用いている点は利点だが、他方で台数が多くなるので手間も増えるため相殺される。

本試算では、上記を踏まえてメンテナンス費が25%低減されると仮定した。

DONKEYのシステム料

DONKEYはデータベースと連動した農業ロボットであるため、利用にはシステム料が必要になる。

ここではDONKEYのシステム利用料を月額5万円（＝年額60万円）

とする。現在サービス提供されている一般的な生産管理システム（作業履歴管理、資材管理、経営管理等の機能を備えたもの。）が月額2万円程度、一部のベンチャー企業が提供している特定の機能が絞り込まれたシステムは月額数千円が相場感となる。

DONKEYのシステムには、生産管理システムに加え、DONKEYを作動させるロボットミドルウェアや、マーケットデータと連動して生産を最適化するシステム等多くの機能が含まれる。これらの機能を有するDONKEYのシステムが月額5万円で利用できるとなれば、かなりのコストパフォーマンスといえる。

アグリカルチャー4.0が創る新たな農業従事者像

以上を踏まえると、DONKEYを導入して約10haの作付面積で露地野菜を栽培する場合の事業収支の試算結果は次のようになる。

✓　農業粗収入は作付面積に比例して4倍の2,300万円超と、現状の5.0ha以上の平均値（作付面積はアグリカルチャー4.0モデルと同一）より1,000万円程度高くなる。

✓　費用は従来型の規模拡大と比べて2割程度削減される。（**図表4-5-4**）最も効果が大きいのは、規模拡大に応じて発生していた農業雇用労賃（パート従業員の人件費）が不要になる点である。さらに、実稼働率の高いDONKEYの導入により農機具費が大きく低減される。他にもDONKEYが電動であることにより、メンテナンス費や光熱水費等の低減も見込まれる。

✓　結果として、一人当たり農業所得は現状の営農規模2.0～3.0haにおける213万円から、974万円と4倍以上に向上すると想定される。

以上のシミュレーションを踏まえると、DONKEYを活用することで農作業を担う農業従事者でも年収約1,000万円を確保できると想定することができる。（**図表4-5-5**）開発着手前のシステムであるため想定の域

	現状		アグリカルチャー4.0
	2.0 ～ 3.0ha	5.0ha ～	
平均作付延べ面積（a）	278.9	1,084.7	1,084.7
農業雇用労賃	446	2,766	0
種苗・苗木	437	1,513	1,513
肥料	687	2,761	2,761
農業薬剤	479	2,152	2,152
諸材料	257	811	811
光熱動力	384	1,102	964
農用自動車	318	648	648
農機具	663	2,982	1,815
農用建物	272	555	555
賃借料	100	1,042	1,042
作業委託料	40	72	72
土地改良・水利費	38	162	162
支払小作料	78	438	438
物件税及び公課諸負担	230	828	828
負債利子	10	66	66
企画管理費	62	305	305
包装荷造・運搬等料金	668	3,383	3,383
農業雑支出	80	471	471
合計	5,249	22,057	17,986

出所：筆者作成

図表4-5-4　アグリカルチャー4.0の導入によるコスト削減試算（単位：千円）

は出ないが、ベースモジュールとアプリケーションを組み合わせた自律分散型システムには、農業従事者の所得を大きく引き上げる可能性がある。このような所得水準が実現すれば、若手の就農希望者を引き付け、効率化とあいまって、適切な農業就業人口の水準を維持できる可能性がある。

	現状		アグリカルチャー4.0
	2.0～3.0ha	5.0ha～	
平均作付延べ面積（a）	278.9	1,084.7	1,084.7
農業所得（千円）	5,390	13,040	23,391
農業粗収益（千円）	10,639	35,097	41,377
農業経営費（千円）	5,249	22,057	17,986
粗収入／作付面積（千円/a）	38.1	32.4	38.1
人員数（人）	2.53	2.90	2.40
一人当たり農業所得（千円/人）	2,130	4,497	9,746

出所：筆者作成

図表4-5-5　アグリカルチャー4.0の導入効果のシミュレーション結果

第5章

アグリカルチャー4.0の推進策

1

アグリカルチャー4.0の基盤
アグリデータベースを構築せよ

アグリデータベースの重要性

アグリカルチャー4.0の農業モデルでは、バリューチェーンを、現場から得られるデータを解析して最適化することで、生産から流通までを効率化する。その際に重要になるのは栽培技術の見える化と、需給マッチングの2点だ。

バリューチェーン全体の改善を視野に入れると、以下のような広範なデータをデータベースに収めることが必要になる。

① 種苗、農薬、肥料、機械等、農業技術に関するデータ
② 栽培ノウハウに関するデータ
③ 圃場整備に関するデータ
④ 気象に関するデータ
⑤ 流通に関するデータ

従来は、農業ICTを導入できる大規模農業法人や、POSシステムを導入した大手の流通事業者が、これらの一部をデータ化するに過ぎなかった。また、供給側と需給側の双方のデータを一括して管理できるのは、「らでぃっしゅぼーや」や「オイシックス」のような、生産者と消費者が限定された、会員制の個別宅配事業者くらいだった。そのため、農業に関してかなりの種類、量のデータが存在するものの、事業者ごとにデータベースが分断されている上、アクセスも限られており、有効活用できる範囲が限られていた。

アグリカルチャー4.0では、一般的な農業者でも利用可能なデータ

ベースの構築が欠かせない。儲かる農業モデルを支えるデータベースは、次世代の農業に欠かせないインフラとなる。多数の農業事業者、研究機関、流通事業者等が参画できるようにするには公共性の高いデータベースを創り上げげなくてはならない。

成長産業として、あるいはTPPに対応できるグローバルな農業を創り上げるためには、農業分野への積極的な投資資金の一部をこうした次世代農業のためのインフラに振り向けることが重要である。対症療法的な補助金をばら撒いていては、持続的で成長力のある農業は生まれない。日本農業の転換期であるからこそ、農業の足腰強化につながる本質的な基盤づくりが求められる。

ここ数年、農林水産省等の実証事業や委託事業において、ICTを駆使した生産管理システムやデータベースが構築されている。しかし、公的資金が使われているにもかかわらず、その成果であるデータベースはシステム構築に関係した企業グループごとに閉じており、産業としての共有財産にはなり得なかった。

データベース構築のハードル

こうして、データベースを構築している当事者ですら、バリューチェーンをフォローするために十分なデータが確保できない、データ化できる範囲が限られ、結果として自動化なども制約される、という問題を抱えている。さらに、データ化された知見があれば、新規参入者には心強い追い風となるが、新規参入者にはデータ構築する場がないという矛盾があるから、データベースの有無が農業ビジネスの参入障壁になる可能性もある。

多くの人が利用できる開かれたデータベースがあることは農業への新規参入を促進するだけでなく、農業IoTの実現にも欠かせない。こうした考えは多くの賛同を得るところだろうが、問題はどのように構築するかである。

データベース構築が難しい一つの理由は、前述の5つのデータのうち、②、⑤の多く、①の一部を民間事業者が所有していることである。一方で、①の多く、②のうちの専門性の高い部分、③、④については、農業関連の研究所等、公的な機関が保有していると考えられる。実際、農林水産省は同省が管轄する国立研究開発法人農業・食品産業技術総合研究機構（農研機構）等が有する品種や技術を棚卸し、民間事業者や農業生産者とマッチングする活動を進めている。

そこで、データベースを効率的に構築するには、まず、公的な機関が保有するデータを集約し、データベースとしての求心力を作る、というアプローチが考えられる。公的機関が持つデータを集約するだけでも、かなり競争力のあるデータベースができる。

データベース運営の受け皿

そのためには、データベース運営を担う受け皿となり得る中立的な機関が必要である。一方で、上述したデータを蓄積するには民間の協力が欠かせないし、将来的にも公的な機関が重要なデータを持ち続けることには問題がある。そこで考えられるのが、以下のような仕組みである。

まず、公的な団体を中心として広く民間企業の出資を募り、官民協働による中立性の高い団体を立ち上げる。当面は運営方針を明確にするために、公的機関が拒否権を持てる程度のポジションを獲得する。

その上で、将来はデータベース事業として自立できることを目標とし、一定の条件を満たした時期に、民営化、あるいはコンセッションなど民間主体の運営に移行することを設立当初から明文化しておく。そうすることで運営の透明性も高められるし、民間事業者の参加意欲も高まる。この事業では、こうした事業の目的、将来構想、ロードマップ、団体の形態変更（公共中心から民間中心へ）等のための基準等を明確にすることが重要になる。

データベースを運用する団体の組織形態としては、当初から株式会社とすることも考えられる。他方で、データベース運用という公的な役割を重視するために財団法人、社団法人、指定法人（特別な根拠法を持ち、国の認可を受けて限定数設立される法人。いわゆる認可法人）等の形態を取ることも考えられる。その場合、独立した事業として成り立つようになった段階で民営化することも選択肢となる。設立当初と将来で団体の形態を変える場合は、上述した基準やロードマップと共に形態変更の手続きについてもあらかじめ定めておく。

データベース運営者に求められる機能

こうして設立した法人には、公的な機関、賛同を得た民間事業者からのデータを集約する。性格の異なる膨大なデータを扱うのに十分なシステム基盤が必須なのは言うまでもないが、その他にも二つの機能を持たせる必要がある。

一つは、データの利用を促進し、データの使い方をアドバイスするための機能だ。コンサルタントスキルを有した人材を雇用すると共に、システム面でも双方向機能を持たせて農業生産者が自らデータベースを有効利用できる環境を作る。コンサルティング機能の一部をシステム化することで、事業が効率化するだけでなくコンサルティング人材の役割を集約して付加価値を高めることができる。

もう一つは、継続的なデータ拡充の機能だ。例えば、利用者の栽培・流通などの現場に、当該団体と提携した企業が提供するセンサーを配し、そこから得られたデータを加工することによって新たなデータが蓄積されるようにする。IoT化が進めば、農業の現場から膨大なデータが生まれることになる。その規模は現在公共機関が有しているデータの規模を優に超えることになるだろう。それを取り込む仕組みを当初から考えておかないと、官民協働のデータベースも短期で陳腐化するリスクがある。

農業データベースで先行するオランダ農業

世界に目を移すと、農産物の生産段階におけるデータベースには、先行事例がある。オランダの施設園芸の環境制御システムである。

オランダのPriva（プリヴァ社）やHoogendoorn（ホーヘンドールン社）は、施設園芸の環境制御システムの大手である。これらの企業が提供するシステムは、オランダ国内だけでなく幅広い国で導入されており、日本でも普及しつつある。温室内外に多数のセンサーが設置され、そこから吸い上げられた多様なデータを基に空調や養液供給を自動制御することで、農作物の栽培に最適な環境を維持できることを特徴とするシステムだ。

オランダの環境制御システムの強みは、当該システムを導入した事業者からのフィードバックデータを分析することによる継続的な改善プロセスにある。同時に、プリヴァ社やホーヘンドールン社は、自社の実証農場や提携農場での栽培データを集約、分析して現場に実装することで環境制御の精度向上を進めている。最近はアジア地域でのデータ収集にも積極的だ。

オランダにはデータベースに集約されたデータを解析して、栽培技術を改良する役割を担う民間の農業技術コンサル事業者や民間農業試験場が数多く存在する。プリヴァ社やホーヘンドールン社は所有するデータを活かした最適な栽培方法（栽培レシピとも呼ばれる）の開発をこうした専門機関にアウトソーシングしている。企業単体に留まらず、環境制御システム企業、研究機関、コンサル事業者が協働してIoTを進化させる仕組みがあることがオランダの強みだ。

農業先進国と評されるように、農業IoTについてもオランダに学ぶべき点は多い。ただし、先進農業をリードするオランダでも、供給側と需要側のデータを連結する動きは顕在化していないから、日本が独自のポジションを獲得するチャンスはある。

データベースに参画するインセンティブ

最後に、データベース構想に対して民間事業者から賛同を得て、データを提供してもらうためのインセンティブをどのように構築するかを考えよう。

将来、自立したデータベース事業に移行することを前提とするなら、当初からデータベース利用料金を課すことが必要だ。そこで、出資者、協力者は優先的な料金で利用できるようにする。ただし、優先料金には、それほど強いインセンティブを期待することはできない。最も大きなインセンティブになり得るのは、農業分野で大きな求心力を持つデータベース事業に関与し、将来的にその事業に関わることができるという可能性ではないか。その意味でも、上述した団体の設立目的やロードマップが重要になるのである。

IoTへの注目が高まる今、政策次第で日本農業が世界をリードできる地位を手にする機会がある。

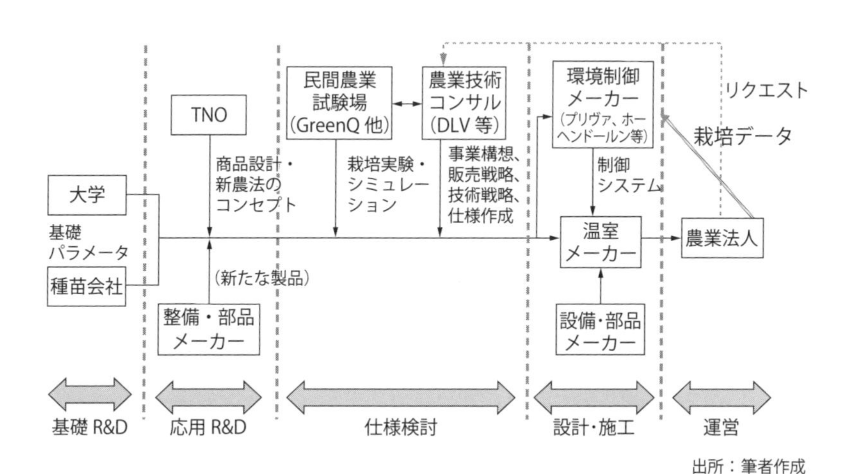

出所：筆者作成

図表5-1-1　オランダ農業の産業構造

2

自律多機能型農業ロボット『DONKEY』の開発戦略を推進せよ

自律多機能型農業ロボットの開発におけるハードル

農業従事者が他産業並みの収入を確保できることを目指すアグリカルチャー4.0の中核を担うのが、IoTを駆使した自律多機能型農業ロボットだ。

スマート農業政策で推進された自動運転農機だけで、日本農業全体を儲かる産業に変換することは難しい。日本農業の小規模分散の圃場に対応できる自律多機能型農業ロボットが欠かせない。

第4章では、自律多機能型農業ロボットのアイデアとして、ベースモジュールとアタッチメントで構成される農業ロボット「DONKEY」を提案した。DONKEYを軸とした農業モデルにより、農業従事者は1,000万近い年収を得ることが可能となる。

DONKEYを実用化するためには、①ベースモジュールの仕様が統一され、②多彩なアタッチメントが揃えられること、が必要だ。①、②を実現するためには、DONKEY開発の戦略的な体制を整備しなければならない。ベースモジュールの開発資金を集約するとともに、ベンチャー企業から大学の研究機関まで多様なプレイヤーがアタッチメントを開発できる仕組みである。

DONKEY開発のための枠組み作り

「ベースモジュールに農業ロボットとしての重要な機能を集約し、多彩なアプリケーションを用意することで多品種の農産物に対応する」というDONKEYのコンセプトに賛同する人は少なくないはずだ。しかし、市場任せでこうしたロボットの登場を期待することは難しい。何故なら、ベースモジュールが用意されなければアプリケーションは開発されず、アプリケーションが開発されなければベースモジュールの開発投資を回収することはできないという関係があるからだ。市場任せで、そうした事業環境を整えるための手間とリスクを取る民間企業はいない。

そこで必要になるのが政策の関わりだが、公共主導では、経済性があり使い勝手の良い農業OSをIoT市場のスピードに遅れずに開発することは期待できない。

こうした条件を踏まえると、DONKEYの開発体制として以下のような要素が考えられる。

① 農業分野での政策の求心力を活かして多くの農業関係者の参加を募る

DONKEYの設計要件を検討するために必要な専門的な知見の多くは熟練の農家や公的な研究機関が有している。政策側が開発の音頭を取ることで、農家、公的機関をDONKEYの研究開発に巻き込むことができる。

② 公的資金によりベースモジュールの投資回収リスクを負担する

DONKEYは広く普及すれば大きな収益を稼げるビジネスになるが、民間企業にとっては立ち上がりリスクが大きい。産業活動にとって重要で将来性が大きいにもかかわらず、参入リスクが過大である投資対象こそ、公的資金の出番と言える。

③ 民間の創意工夫と開発スピードを活かす

予算制度の制約が大きいこと、収益モチベーションがないこと、多方面のコンセンサスを求められること、スケジュールのコミットメントが弱いこと、などの理由で、公的な開発は予算が肥大化し、スケジュールが遅延し、焦点がぶれやすい。世界のIoT開発のスピードと独創性に伍するには、意欲と能力を持つ民間事業者が開発の中心に立つことが必要だ。

④　民間のモチベーションを確保する

民間企業の創意工夫と開発スピードを支えるのは将来の事業収益に向けたモチベーションである。公的資金を投入するためには公平性が求められるが、民間企業のモチベーションを殺してしまうようではDONKEYの開発は成功しない。公的資金投入の正当性と民間企業のモチベーションの両立はDONKEY開発の必須条件である。

ベースモジュールとプラットフォームの開発プロセス

これらの要素を満たすDONKEYのベースモジュール及びプラットフォームの開発プロセスを次に示す。(**図表5-2-1**)

STEP1：基本プランの作成

DONKEYのベースモジュール及びプラットフォーム開発の中核は、以後に示すSTEP2の研究会とSTEP3の開発事業者の選定である。

ただし、これらを成功させるためには、十分に練られたDONKEYの基本プランがあることが必須となる。そこで、資金を拠出する省庁が中心となり、以下のような点を含む基本プランを策定する。

- 開発コンセプト
- 適用環境
- 使用条件
- 要求性能
- 想定市場規模
- 投資回収プラン
- 事業計画
- 知財等の扱い

等

こうした基本プランを策定するためには、農業、技術開発、新事業、公的資金の回収等、複数の分野に関わる専門的な知見を要する。専門的なコンサルタントの活用は必須だが、これだけ広範囲な専門知識を有している個人、企業はいない。DONKEY開発の第一条件は、基本プラン策定の専門家チームの組成と言える。

STEP2：開発・普及研究会の組成

基本プランを事業や政策に反映するための研究会を組成する。まず、農業に関する専門的な知見を提供し、DONKEYの受け入れ先候補となるいくつかの地域の農業団体、農業法人、あるいは研究開発機関の参加を確保する。民間側としては、DONKEY開発に関心のある、ロボットメーカー、IT企業、エンジニアリング会社、電機メーカー、通信会社、農機メーカー、農業法人、設計会社、あるいは商社、金融機関、などの参加が必要である。これに関係する省庁、公的機関が加わる。

研究会の目的は、以下の通りだ。

・STEP1で策定した基本プランのブラッシュアップ
・DONKEY開発のプロモーション、周知活動
・事業化のための規制緩和、助成策の検討、提言
・研究開発事業公募（STEP3）の周知、情報交換
・公募事業に向けたチーム組成の促進
等

本研究会の運営については、STEP1と同様、民間事業、政策に関する幅広い知見と共に、事業のプロモーションのためのノウハウも必須となる。STEP1の専門家チームが継続して省庁の管理の下、運営に当たることが必要になろう。

STEP3：開発事業者の選定

STEP2は所管省庁にとって予算設定のための期間でもある。当該予算により、DONKEYの開発事業を委ねる民間企業コンソーシアムを選定するのがSTEP3である。STEP2の研究会は普及団体であると共に、

STEP3のためのニーズ取得、合意形成、プロモーションの役割を担っていたと言える。STEP1で検討された基本プランはSTEP2を経ることで公募の要求水準となっている。これに公募条件、選定基準や契約書を付して、以下のプロセスで公募すれば良い。契約を締結したコンソーシアムについては、DONKEYの開発費用を100%付与することとする。

・公告
・資格審査ないしは一次審査
・事業者選定
・契約交渉
・契約締結

ここでは、DONKEY開発事業の参加資格、開発条件、契約条件をどのように設定するかが重要となる。

契約を締結したコンソーシアムには、ロボット、ICT、制御システム、農業、農機、等の知見を駆使してDONKEYを開発するだけでなく、DONKEYを使った事業の先兵となって欲しい。そのためには、開発に農業の専門的知見を供給し、DONKEYを利用した次世代農業を牽引してくれる農業法人、農業地域、農業研究機関等の参加が不可欠だ。また、DONKEYを有効に活用するためには、農業関連のアプリケーションなどを持っている企業が関与することも必要だろう。公募の参加条件には、こうした素養が織り込まれなくてはならない。

この公募で重要なのは、上述したように、民間によるスピード感と実効性のある開発である。公共側で基本的な開発スケジュールを示すのは当然としても、よりリアリティがあり、実効性が高く、スピード感のあるコンソーシアムが有利になる条件が含まれる必要がある。

魅力のある契約条件は民間企業のモチベーションを高めるために必須となる。公共側は開発資金の投資者だからDONKEYが上げる将来収益をリターンとして確保できることが大前提である。しかし、公的資金は過剰な利益の獲得を目的としている訳ではないので、一定額のリターンを取ったら、後は全て民間が収益を取れる枠組みを示さないといけない。一方、DONKEYは特定の企業に独占されてはいけないので、契約したコンソーシアムが優先的な条件を享受した後は広く普及できる条件も組み込まれる必要がある。

STEP4：DONKEYの開発

STEP3で選定されたコンソーシアムによりDONKEYの開発を進める。ここで重要なのは、公募プロジェクトの趣旨が維持されることである。DONKEYは次世代農業のために有効ではあるものの、開発や普及には不確定要素が含まれ、一方で、民間のスピード感やアイデアを最大限に生かす必要がある、ということだ。こうした趣旨を踏まえるために重要なのは、コミットメントと柔軟さが両立された開発が進められることだ。

スピード感を確保するためには、明確な目標と前向きなスケジュールを立てた上で、アグレッシブな開発を行う必要がある。つまり、コミットメントが欠かせない。一方で、民間のアイデアは開発を進めるほど出てくる面があるし、開発期間中もIoTの技術は日進月歩で進歩している。場合によっては追加的な開発とそのための費用が必要になる可能性もある。公募当初の開発ターゲットに拘るのは、陳腐化したロボットを作る、と言っているのに等しい。

そこで重要なのは、例えば、1年ごとに開発ターゲットやスケジュールを評価する、ローリングタイプの開発体制だ。民間コンソーシアムと投資者である公共側はそのための協議を続ける。そこで、民間側のコミットメントが緩まず、公的な資金の利用の正当性を確保できる条件をどのように作るかが工夫のしどころだ。

STEP5：事業の枠組みの確定

DONKEYが開発された後の知的財産の権利や情報公開等の基本的な

仕組みは公募の段階で明らかにされなくてはいけないが、STEP4の開発と同様、こうした条件もDONKEYの開発内容や市場動向に影響される面がある。したがって、契約条件についても、公募段階での条件を基本としながらも、より実効性のある内容にするために協議、交渉しなくてはならない。

こうした最終的な契約を締結した上で、コンソーシアム側ではDONKEYの商品化、事業への適用が進められ、公共側では知的財産や情報の管理、市場への普及を行っていくことになる。

アタッチメントのラインアップ充実のためのオープンイノベーション

DONKEYのベースモジュールとアタッチメントは、別々に開発することが基本だ。

現状の農業ロボットでは、一つの主体（企業や研究機関）がすべてを開発するところに非効率の源泉がある。例えば、農業の専門知識に秀でた農機メーカーや大学の農学部の研究者が、躯体の制御システムを手掛けるようでは効率的な開発はできないし、大型の農機に匹敵するような高額な農業ロボットが生まれる原因にもなる。これでは一般的な農業生産者は手が出せない。

DONKEYはベースモジュールとアタッチメントに分かれているため、農業分野の企業や研究者が専門的な知見を活かせるアタッチメントの開発に集中することができる。そこで前述のベースモジュールの開発と並行して相対的にハードルが低いアタッチメント開発のためのオープンイノベーションの仕組みを作る。

スマートフォンのアプリケーション開発の構造に類似した構造をイメージすれば良い。スマートフォンのアプリケーションでは、大小さまざまな企業が、自らの強みを生かしたビジネスを展開している。STEP2の研究会がオープンイノベーションのプロジェクトを主宰し、懸賞金や開発資金のコンペなどを仕掛けることも考えられる。こうすれば、資金は限られるが豊富な知見とアイデアを有するベンチャー企業や大学、さらには現場に精通した農業法人もアタッチメントの開発に参画することができる。

そうなればベンチャーファンド等の投資家の注目度も高まるし、官民ファンドの活用も視野に入る。投資家自らがアイデアコンテスト、技術コンテストを開催し、有望なシーズを発掘するようなケースも出てくるだろう。ベンチャー企業や大学によるアタッチメント開発では、クラウドファンディングも活用できる。アタッチメント開発を独立させることは、農業IoTの分野にITベンチャーのようなダイナミックな流れを生み出すことにつながる。

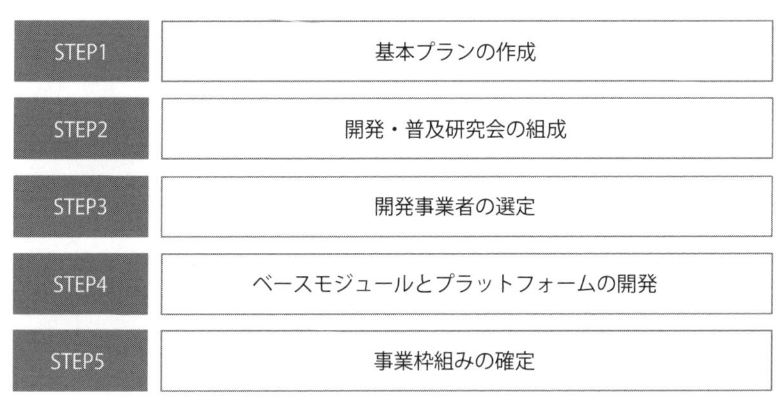

出所：筆者作成

図表5-2-1　ベースモジュールとプラットフォームの開発プロセス

3

アグリカルチャー4.0特区で成功事例を創出せよ

アグリカルチャー4.0特区で実用化を加速

農業従事者が儲かるアグリカルチャー4.0を実現するためには、研究開発とともに、さまざまな試作品をテスト利用する「場」が欠かせない。アグリカルチャー4.0を推進する「場」を検討するため、先進的な農業地域の事例を見てみよう。

農林水産省は、植物工場等の研究開発の推進と普及開発を目指す次世代施設園芸導入加速化支援事業を全国10カ所（北海道、宮城県、富山県、埼玉県、静岡県、愛知県、兵庫県、高知県、大分県、宮崎県）で実施している。（**図表5-3-1**）地域ごとに農業法人、農業参入企業、エンジニアリング企業等がコンソーシアムを立ち上げて、「栽培環境制御技術とバイオマス利活用技術の融合」等、最先端技術の開発と実用化が進められている。例えば、北海道拠点（苫小牧市）では木質バイオマスボイラーを併設した太陽光型植物工場でイチゴを栽培しており、大分県拠点（九重町）では温泉熱を活用した太陽光型植物工場でパプリカを栽培している。

農業を重点的に振興する地域としてフードバレーを設定する動きも各地で進んでいる。フードバレーと一口に言っても様々な形態がある。農業自体よりも食品加工や外食のような周辺産業に力点を置く地域もある。北海道帯広市の「フードバレーとかち」には、帯広畜産大学を始め、北海道農業研究センター（芽室）などの国立の機関、十勝農業試験場（芽室）、十勝圏地域食品加工技術センター（帯広）、畜産試験場（新得）などの北海道立の機関、民間の農業関連研究施設などが立地し、先進的な食品加工技術の研究開発が行われている。また、熊本県の「くまもと県南フードバレー構想」では、6次産業化・農商工連携による地域内生産物等の高付加価値化や企業・研究開発機能等の集積が掲げられ、研究機関の集約度は高くないものの、農産物の機能性や鮮度等を分析できる「フードバレーアグリビジネスセンター」を設ける等独自の取組みが進んでいる。

アグリカルチャー4.0では農機やロボットの自動化技術を実験、実証するための地域が必要になる。こうした地域では、技術開発の中核拠点を設けるだけでなく、農機やロボットを試用するための規制緩和が不可欠となる。規制緩和を先行的に試行する際には、特区（**注**）を活用することが有効である。アグリカルチャー4.0を早期に実用化するためには、研究開発機能を集約したフードバレーと、つくば市の「つくばモビリティロボット実験特区」のような規制緩和エリアを組み合わせた「アグリカルチャー4.0特区」を設定するのが効果的だ。

DONKEYのような次世代の農業ロボットの開発などでは、公的資金の効果的な使い方が重要となる。現在、農業界はTPPにどのように対応するかを模索しているが、かつてGATTウルグアイラウンドの対策時に農業の付加価値向上には効果の薄い公共投資に巨額の資金が投じられた。その反省を踏まえ、いかに公的資金を効果的に使って農業の競争力を強化するかが議論されている。日本の農業の強みを活かすIoTの構築はそのための重要なテーマであり、「アグリカルチャー4.0特区」はそれを実現するための重点的な整備地区になるべきだ。

意欲のある地域が「アグリカルチャー4.0特区」を先行的に立ち上げれば、日本の農業の競争力が上がるだけでなく、日本独自のIoTの基盤が形成され、農家の収入を底上げすることで農業の衰退を防ぐことができる、という多面的な効果が期待できる。そうなれば短期的な景気浮揚策に終わらない、意義ある公的資金の活用モデルになる。

（注）特区には「国家戦略特別区域」や「構造改革特別区域」等がある。

特区の機能①：アグリカルチャー4.0の技術開発拠点

「アグリカルチャー4.0特区」にはアグリカルチャー4.0関連の研究開発の総本山としての意味を持たせる。ここで参考になるのが、オランダのワーゲニンゲン地域である。オランダの施設園芸の拠点であるワーゲニンゲン地域には、国内の公立大学の農学部や公設農業試験場が集約され、ワーゲニンゲンURが組成されている。さらに、ワーゲニンゲン大学を中心に、多くの農業関連企業、食品関連企業が集積し、新たな技術と商品が継続的に生み出されている。世界最高水準のオランダの施設園芸技術もワーゲニンゲン地域が発信地だ。

従来の特区は先行的な規制緩和が主眼であったが、「アグリカルチャー4.0特区」は研究開発、実証、事業化を一貫して推進する総合的な特区を目指す。

まず、特区内に公的農業試験場・研究機関、国公立大学の農学部、農業大学校（道府県立の組織。農業経営の担い手を養成する中核的な機関として、全国42道府県に設置されている）を再編・集約する。地域が条件を整えて応募する普通の特区ではなく、特区指定を受けた地域に国の研究機関の人材、資金を配分するという資源集中型の仕組みが必要だ。地域から提案させるべきなのは、国のコミットを前提として、どのような枠組みで、どのような地域の資源を投入し、どのような企業を巻き込むかだ。その上で、国の資源投入が最も高い成果を生む地域を選べば良い。日本が本気になって、重点的な研究開発拠点、実証エリアとしての性格付けを行えば、オランダのワーゲニンゲン地域を超えるビジネス志向のフードバレーを創り上げることもできるはずだ。

5章（2）で提示したDONKEY開発のためのコンソーシアムの選定を特区選定と連動させれば、日本としての戦略的な技術開発とフードバレーのような拠点開発の相乗効果を上げることができる。拠点開発の産業的な波及効果を高めるには、DONKEYのアタッチメントの開発戦略を地域選定の条件にすることも考えられる。地域の企業やベンチャー企業の技術開発への参加を促せば、次世代農業の産業としての裾野が広がるからだ。そのためには、オランダ・ワーゲニンゲン地域のようなオープンイノベーションが可能となる環境整備を国と地域で進める体制が必要だ。

特区を提案する地方自治体は、大学の研究室、大企業の研究所を誘致するだけでなく、モノづくりに定評のある中小企業団体やベンチャーキャピタルなどとの連携が不可欠だ。その上で、近年設立されている農業分野に注力するベンチャーファンド、産学連携ビジネスを対象としたファンドを結びつければ有望な技術や企業にシードマネーを集約することができる。

「アグリカルチャー4.0特区」が実効的に機能するためには、適切な地域選定が不可欠である。新たな農業モデルの創出に意欲的なことを前提として、①日本を代表する重要品目の生産に適した地域（気候、土壌等）であること、②民間の研究機関が進出しやすい立地条件であること、③規制緩和が行いやすい環境である（例：一般車両の交通量が少なく、自動運転農機や農業ロボットの自動運転が行いやすい等）こと、の3点が条件となる。

「アグリカルチャー4.0特区」で技術開発、事業創出を進めるに当たって重要なのは、ここがデータベースの開発拠点にもなる、という理解である。アグリカルチャー4.0は農業IoTによる革新でもあるから、付加価値のあるデータベース構築は、技術開発、規制緩和と並んで重要と言える。

データベースの開発コンセプトは（1）で述べたが、特区に参画する公的機関はデータベースに核となるデータを提供する主体であり、連携する民間企業は優先的な条件を前提にデータ提供の参加者となってもらう。「アグリカルチャー4.0特区」での実証事業や補助事業への公的資金の投入等についてはデータベース開発への協力を条件とする。その上で、公的機関からの優先的なデータ提供については、目標とする成果を定め、期限内に成果の達成が見込まれなければ、特区としての指定を解除するなどの条件も検討すべきだ。成果の上がらないところに、優先的にデータを提供し続けていれば、日本版農業IoTの実現が遠のく。

また、民間企業のデータについては、個別農家・企業や個人が特定されないような加工の仕組みと有効性を検証する。仕組みの改良を繰り返してデータベースの規模をいかに大きくできるかがデータベース事業の成否を分ける。

特区の機能②：アグリカルチャー4.0を導入した農業生産エリア

「アグリカルチャー4.0特区」では農機の自動運転や無線利用等の規制緩和を先行的に進めることも欠かせない。例えば、圃場間の道路上での農業ロボットや自動運転農機の移動に関しては、道路交通法や道路運送車両法の規制緩和が必要だ。農業ロボットは必ずしも車両とは言えないが、現行法の中で車両と同様の規制を受ける。また、農業ロボットの遠隔操作で無線を使用する場合は電波法の規制対象になる。これらについては、一般車両とロボットの違いを踏まえた法的な位置付け、あるいは、免許を要しない無線局の使用可能電波出力の上限引き上げや特定小電力の無線実験の際の免許手続きの簡略化等が想定されるべきだ。

しかし、規制には安全や秩序維持等の正当性があるから、緩和のためには、その妥当性を証明するための根拠が欠かせない。特に、自動運転やロボットのように既存の法制度だけでは解釈の難しい規制緩和については、データの積み上げと検証が不可欠となる。そこで、「アグリカルチャー4.0特区」を技術開発と社会的実証を同時並行するための場と位置付けることが有効になる。規制緩和の取組みと製品開発を並走させれば、迅速な商品化が可能となる。

このように「アグリカルチャー4.0特区」を技術開発と規制緩和を同

時並行させる場に位置付けると、DONKEYのような農業ロボットだけでなく、自動化のためのインフラに関する技術ノウハウを開発することができる。ロボットが適切に作動するためには、ロボットが動き易い圃場の形状や誘導装置、そのための設計、整備技術、あるいはセンサーの配置、それを踏まえたシステムの設計・運用等の技術ノウハウが必要になる。これらを本書で述べるアグリデータベースやDONKEYと組み合わせることで、他国が容易に追随することができないパッケージが生まれるのである。

アグリカルチャー4.0特区の面展開

農業分野での特区は既に実績があり、特区立ち上げのハードルは比較的低い。代表例が新潟市と養父市の農業特区（国家戦略特別区域）だ。これらの農業特区は、農業生産に関する規制緩和のエリアとして設定された。例えば、養父市では農地所有に関する規制が緩和され、農業生産法人（現・農地所有適格法人）の役員要件が緩和されている。役員要件の緩和は2015年の農地法改正を経て、全国に広がっている。

「アグリカルチャー4.0特区」は、最初期は全国に2、3箇所設定するのがよい。稲作、畑作、野菜作、施設園芸等、当該地域の主力となる農業を各特区の重点テーマに設定し、農業IoTの技術・システムの開発と、第4章で提示した農業従事者が約1,000万円の収入を得る農業モデルの実現を目指す。研究機関を大胆に再編するとともに、研究費を重点的に配分し、アグリカルチャー4.0の成功事例を創出することが始めの一歩である。

次のステップは、2、3箇所の特区の成功事例を全国に展開していくことである。そのためには、先行した特区で検証した規制緩和策を関連法令の改正等によって全国に広げるとともに、特区内の研究拠点と各地の農業試験場や大学の農学部を統合、ネットワーク化することが求められる。その際、先行した「アグリカルチャー4.0特区」の研究拠点が基礎研究の総本山となるとともに、各地の研究機関が地域特性に合わせた応用研究や普及指導を行うサテライトに位置付けられることで、研究拠点から技術レベルを落とすことなくノウハウを円滑に共有化することができる。そうなれば、総本山の拠点と全国のサテライトがネットワーク化され、全国のデータが本山に集約されて、新たな研究開発が行われ、そこで生まれた成果が各地のサテライトにフィードバックされる、という成長の好循環が生まれる。

地区	面積	品目	周辺技術等
北海道拠点（苫小牧市）	4ha	イチゴ	木質バイオマスボイラー
宮城県拠点（石巻市）	2.4ha	トマト、パプリカ	木質バイオマスボイラー、地中熱ヒートポンプ
埼玉県拠点（久喜市）	3.3ha	トマト	木質バイオマスボイラー
静岡県拠点（小山町）	4ha	トマト	木質バイオマスボイラー
富山県拠点（富山市）	4ha	トマト、花卉	蓄熱コンテナ（廃棄物処理場の廃熱を活用）
愛知県拠点（豊橋市）	3.6ha	トマト	下水処理場放流水の廃熱利用
兵庫県拠点（加西市）	3.6ha	トマト	木質バイオマスボイラー
高知県拠点（四万十町）	4.3ha	トマト	木質バイオマスボイラー
大分県拠点（九重町）	2.4ha	パプリカ	温泉熱の活用
宮崎県拠点（国富町）	4.1ha	ピーマン、キュウリ	木質バイオマスボイラー

出所：農林水産省資料より筆者作成

図表5-3-1　次世代施設園芸拠点の概要

4

アグリカルチャー4.0を農業のグローバル展開のパイオニアとせよ

新興国で高まる高付加価値農産物へのニーズ

国内マーケットが縮小傾向にある中、新たな成長源を海外の成長マーケットに求める企業の動きが活発になっている。中国、東南アジア諸国、中東諸国等では、所得水準の向上に伴い、安全・新鮮で、美味しい農産物を求める消費者が急速に増えている。日系企業を含め、近代的なスーパーマーケットやコンビニエンスストア、外食チェーン等の事業が急拡大しており、良質な農産物へのニーズが高まっていくことは間違いない。現地のスーパーマーケットでは、**図表5-4-1**の通り、一見すると日本の小売店と変わらない生鮮野菜売り場が展開されている。多くの新興国で、富裕層や上位中間層が、このような近代的な小売店で新鮮で安

中国 上海市内

UAE ドバイ市内

出所：筆者撮影

図表5-4-1　新興国の近代化された生鮮野菜売り場

全な野菜を購入するようになっている。

農林水産省は日本産農産物の輸出を重要政策に掲げている。従来の輸出促進政策に加え、2014年6月には「グローバル・フードバリューチェーン戦略」を発表した。同戦略では、「日本の食産業の海外展開等によるフードバリューチェーンの構築を推進」することが掲げられており、世界的な日本食ブームを踏まえ、日本からの農産物輸出や農業技術の海外展開がうたわれている。

アジア地域等への輸出拡大を始めとした政策の効果もあり、2015年の農林水産物の輸出額は7,000億円を超えて過去最高を記録し、2020年に1兆円という目標に向けて着実に進んでいる。（**図表5-4-2**）輸出先はアジア諸国が中心となっており、全体の約3/4を占める。国・地域別に見ると、香港が24.1％で首位で、アメリカ、台湾、中国と続く。ただし、輸出額の伸びの要因の一つは円安基調の為替相場であり、直近の円高傾向により輸出の伸びが鈍化することが危惧される。

一方で、農産物輸出の課題も顕在化しつつある。一つ目は、日本産農産物の販売価格の高さである。日本産の輸入農産物は日本国内の価格に比べても高価である。例えば、中国やタイのデパートでは、リンゴが1

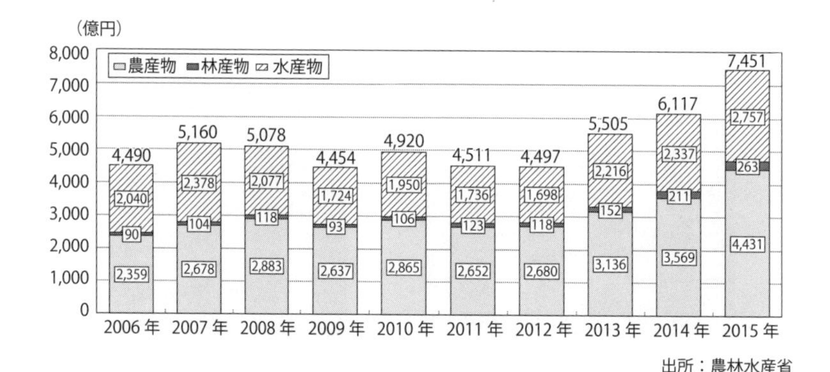

出所：農林水産省

図表5-4-2　農林水産物の輸出実績

玉1,000～2,000円で販売されている。このような価格帯では、いくら日本産農産物が高品質だとはいえ、購買可能な消費者は限られる。注目すべきは、輸送コストや中間マージンが高いため、日本の農業生産者の出荷価格は国内向けと同程度に過ぎない点である。つまり、海外での高い販売収入のほとんどが日本の農業生産者に還元されず、流通コストとして消えてしまっているのだ。

二つ目が、輸送中の品質低下である。高品質な日本産農産物も、長時間の輸送中に鮮度が低下する。しおれ、変色、カビ、腐敗等、海外への輸送における課題は多岐に渡る。特に、糖度や栄養分の低下により、日本産農産物の強みである美味しさや機能性が発揮できない点も問題視されている。

三つ目が、植物検疫の問題である。検疫の制度や基準は国によって異なり、日本で生産された農産物の全てが輸出できるわけではない。例えば台湾向けの農産物輸出では、日本と残留農薬の基準が異なることから、輸出された果実が現地の検査で不合格となり輸入できないケースが報告されている。また、農産物の検疫制度は、本来は現地にない農産物の病害虫の侵入防止が主な目的だが、輸入を抑止するための非関税障壁として使われていることも珍しくない。特に、基準が厳しい中国では、日本から輸出可能な生鮮農産物はコメやリンゴ等の数品目に限られる。

このように、日本産農産物の輸出だけでは、経済成長目覚ましい新興国を中心に拡大している高付加価値農産物のビジネスチャンスを拾いきれない。

日本式農業による新たなマーケットの開拓

日本農業のグローバル展開として輸出とともに期待が高まっているのが、新興国等への現地進出だ。筆者は、日本の優れた技術やノウハウを活用して現地生産・現地販売するモデルを、「日本式農業モデル」と名付け提唱してきた。

「日本式農業モデル」により、栽培技術や管理手法に優れる日本農業のノウハウを活かして、食味と安全性を両立させた日本式農産物が現地消費者から高い評価を獲得することができる。特に、自国産農産物への信頼性が低い中国では、北京・上海等の大都市周辺の日本人が栽培、指導する農場で生産された農産物が消費者の支持を得ている。イトーヨーカ堂で専用の販売棚が設けられている他、現地系の高級スーパーマーケットでも販売されるようになっている。近年はタイ、マレーシア、ベトナム等のASEAN各国でも日本の農業技術を活かした日本式農場が増えつつあり、ビジネスチャンスが拡大している。

海外で日本農業の技術・ノウハウを用いても、気象条件、土壌、技術習熟度等の違いから、日本産農産物と完全に同一の品質を実現することはできないが、それに近い品質は再現できる。日本のノウハウを用いて現地で生産した日本式農産物は、現状の現地の消費者を満足させるには十分な水準だといえる。

現地進出による日本式農業が日本の農産物輸出を阻害する、という指摘があるが、世界各地の小売店の視察や、バイヤーからの声を踏まえると、日本産農産物と日本式農産物はほとんど競合しないと考える。むしろ、日本から輸入する高級ブランドとしての日本産農産物と、セカンドブランドとしての日本式農産物を組み合わせて「ジャパンブランド」を構築することで、富裕層・上位中間層が台頭する新興国マーケットで稼げるビジネスモデルを作ることができる。これは日本国内工場と現地工場を巧みに使い分ける自動車メーカーや家電メーカーの戦略と似ている。（**図表5-4-3**）

日本式農業＝農業知財ビジネス

日本式農業は、「のれん分け」や「フランチャイズ」といった仕組みで展開されるビジネスモデルである。海外の意欲のある農業法人・企業に対して日本農業のノウハウを提供する代わりに、指導料やロイヤル

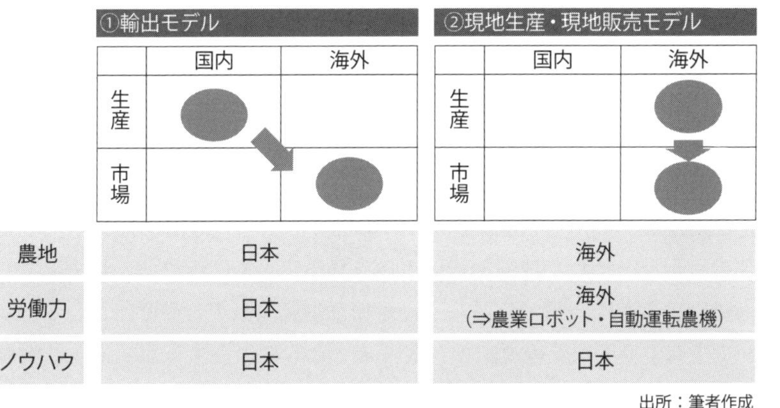

図表5-4-3　農業の海外展開の類型

ティーを得る。つまり、日本式農業は海外マーケットを見据えた知財ビジネスである。

日本農業の高品質な農産物を栽培する高度なノウハウは、国土の狭い日本の中だけでは十分に価値を発揮することができない。長年培ってきた貴重なノウハウを、日本の狭い農地だけでなく、海外の農地でも利用することで、ノウハウの費用対効果を格段に向上させることができる。自らが保有する数haの農地でしか活かされなかった匠の技が、日本式農業による海外展開で何百haの農地で使われることで、日本の農業者が創意工夫と努力により蓄積してきたノウハウが大きく花開く。

匠の技を持つ農業者が海外から新たな収入を獲得できれば、日本国内でさらに技術を磨こうというモチベーションも高まる。世界トップクラスと評される匠の技にさらに磨きがかかることが期待される。

再現性が高いアグリカルチャー4.0は日本式農業の決定打

期待高まる日本式農業だが、技術・ノウハウの円滑な移転が難しいことが普及の障害となっている。特に、人員の限られた中小規模の農業生産者では、ノウハウを有する人材を長期間海外に指導役として派遣することは難しい。また、技術・ノウハウをしっかり指導しても、現地スタッフが徐々に無断で栽培方法を変えて品質が低下する事例も散見される。

これを解決できるのが農業IoTを駆使したアグリカルチャー4.0である。アグリカルチャー4.0では、創意工夫により生み出したノウハウを農業ロボットや自動運転農機によって具現化することで、これまでよりも格段に大きな規模で高品質な農産物を生産することが可能となる。ポイントは、IoTが匠の農家の“代理人”として活躍する点である。センサーが匠の眼となり、生産支援システムやAIが頭脳となる。各種のセンサーで圃場や作物の状態を遠隔地から的確に把握することも可能な上、匠のノウハウを蓄積したデータベースと生産支援システムで世界中で適切な作業を導出することができる。必要に応じて日本に居住する匠からテレビ電話で助言を受けることもできる。

農業IoTは匠の手にもなる。環境制御温室や植物工場は、匠の代わりに養液を供給し、空調を調整し、カーテンや窓の開閉作業を行う。IoTで自動化された作業は日本と現地の農業現場の技術格差を解消する。

農業ロボットや自動運転農機が実装されれば、耕作、栽培技術の再現性は一層高まる。クラウドシステムにより高度なノウハウを農業ロボットや自動運転農機に指示し、日本国内の匠の作業を海外で完全に再現することも夢ではない。ここで匠のノウハウの漏出を防げば、均質性の高い次世代のフランチャイズ農業が実現する。そうしたビジネスモデルが収益を上げれば、日本での新たなノウハウ開発への投資も拡大し、日本式農産物の品質水準は飛躍的に向上する。かつて匠の農家が海外で農業指導を行う際には現地に骨をうずめる覚悟が必要だったが、IoTがそうしたハードルを取り払う。

ノウハウデータの漏えいが防がれ、生産支援システムや環境制御システムがクラウド化されれば、ノウハウ流出や知財トラブルも減り、またロイヤルティーや技術指導料の未回収リスクも抑えることができる。IoTで栽培ノウハウという無形の財産を、生産支援システムや環境制御システムという形に具現化することで、ビジネスモデルの幅は大きく広がる。

アグリカルチャー4.0を日本版IoTの海外展開のパイオニアに

アグリカルチャー4.0の効果は農業分野に留まらない。政府は産業政策の一環として、インフラやICT/IoTのグローバル展開を掲げている。例えば、新興国の都市開発では、IoTを駆使したスマートシティー、スマートコミュニティーといったコンセプトが注目されており、日本企業にとって大きなビジネスチャンスとなっている。また自動車産業では、自動運転技術の実用化が進み、日本を始めとした先進国での普及の後には、新興国への展開が期待される。

アグリカルチャー4.0が輸出されるということは、DONKEY、DONKEYが稼働するための圃場側のセンサー、誘導装置、土木などのインフラ、圃場や農道の設計、自動化システムのOS・アプリケーション等がパッケージで輸出されることに他ならない。更新期間が何十年に及ぶ従来のインフラとは違い、数年程度での機器の更新、システムの保守運用、メンテナンス等、継続的な輸出が可能になる。恩恵を受ける業界は非常に幅広い。さらに、アグリカルチャー4.0のシステムは流通事業者や小売店舗にも及ぶから、これらの分野での日本企業の競争力向上にも資するはずだ。日本が長らく夢見ていたパッケージ型インフラ輸出の見本のようなモデルである。その中心になれば、農業に対する産業界、人材からの評価も変わる。

こうなれば、アグリカルチャー4.0のシステムは、日本のIoTの海外展開の先兵としての役割も期待できる。農業IoTは、自動運転やスマートコミュニティーほどの市場規模や事業規模はないかもしれないが、法規制の制約や投資回収リスクは格段に小さい。農業分野で先行してIoTを普及すれば、日本版IoTの海外展開の重要な布石となることも可能である。

最後に～アグリカルチャー4.0が拓く次世代農業ビジネス～

アグリカルチャー4.0では、農業従事者は現場での農作業から解放され、農業ビジネスの企画、マーケティング、ネットワーク構築、農業ロボットや自動運転農機の運用、ステークホルダーのマネジメント等が業務の中心となる。3Kから解放されるだけでなく、農業はクリエイティブな産業へと生まれ変わり、若者のイメージも大きく変わる。

上述したように、アグリカルチャー4.0が世界に展開され、日本版IoTの先兵となれば、農業ビジネスは新興国の旺盛なニーズを取り込み、今とは全く異なる成長ビジョンを描くことも可能となる。

農業が魅力あるビジネスに生まれ変わると、高度な素養を有する優秀な人材を引き付けることができる。農学以外にも、工学、理学、経営学、システム科学等の専門家が農業ビジネスで輝くチャンスが到来する。第4章で述べた通り、試算段階ではあるものの、DONKEYのような次世代型農業IoTを活用すれば、農業従事者が1,000万円近い収入を獲得できる。ビジョンとロードマップを提示すれば、大卒人材が就職先を選ぶ際に農業が選択肢に入る時代も遠くはない。

アグリカルチャー4.0の達成は「一部の経営者が儲かる農業」から、「農業従事者皆が儲かる農業」への脱皮である。儲かる農業従事者が普通になることで、日本農業は長期の衰退からのV字回復を果たし、「真の成長産業」へと変貌することができる。

著者略歴

三輪　泰史（みわ　やすふみ）
1979年生まれ。広島県出身。
2002年、東京大学農学部国際開発農学専修卒業。2004年、東京大学大学院農学生命科学研究科農学国際専攻修了。同年株式会社日本総合研究所入社。現在、創発戦略センター・シニアスペシャリスト。農林水産省、内閣府等の有識者委員を歴任。
専門は、農業ビジネス戦略、農産物のブランド化、植物工場やスマート農業等の先進農業技術、日本農業の海外展開。農産物のブランド化に関する新会社「合同会社Agri Biz Communication」の立上げに参画。
主な著書に『次世代農業ビジネス経営』『植物工場経営』『グローバル農業ビジネス』、『図解次世代農業ビジネス』（以上、日刊工業新聞社）、『甦る農業―セミプレミアム農産物と流通改革が農業を救う』（学陽書房）ほか。

井熊　均（いくま　ひとし）
株式会社日本総合研究所常務執行役員　創発戦略センター所長
1958年東京都生まれ。1981年早稲田大学理工学部機械工学科卒業、1983年同大学院理工学研究科を修了。1983年三菱重工業株式会社入社。1990年株式会社日本総合研究所入社。1995年株式会社アイエスブイ・ジャパン取締役。2003年株式会社イーキュービック取締役。2003年早稲田大学大学院公共経営研究科非常勤講師。2006年株式会社日本総合研究所執行役員。2014年同常務執行役員。環境・エネルギー分野でのベンチャービジネス、公共分野におけるPFIなどの事業、中国・東南アジアにおけるスマートシティ事業の立ち上げ、などに関わり、新たな事業スキームを提案。公共団体、民間企業に対するアドバイスを実施。公共政策、環境、エネルギー、農業、などの分野で60冊の書籍を刊行するとともに政策提言を行う。

木通　秀樹（きどおし　ひでき）
1964年生まれ。慶応義塾大学理工学研究科後期博士課程修了（工学博士）。石川島播磨重工業（現IHI）にてキュービックニューラルネット等の知能化システムの技術開発を行い、各種のロボット、プラント、機械等の制御システムを開発。2000年に日本総合研究所に入社。現在、創発戦略センター・シニアスペシャリスト。新市場開拓を目指した社会システム構想、プロジェクト開発、および、再生可能エネルギー、水素等の技術政策の立案等を行う。著書に「なぜ、トヨタは700万円で『ミライ』を売ることができたか？」（B&Tブックス・共著）、「『自動運転』が拓く巨大市場」（B&Tブックス・共著）、「なぜ、日本の水ビジネスは世界で勝てないのか」（B&Tブックス・共著）、など。

IoTが拓く次世代農業
アグリカルチャー 4.0の時代

NDC611

2016年10月27日　初版第1刷発行
2019年 4 月26日　初版第6刷発行

（定価はカバーに表示してあります）

©著　者　三輪　泰史
　　　　　井熊　均
　　　　　木通　秀樹
発行者　井水　治博
発行所　日刊工業新聞社
　　　　〒103-8548　東京都中央区日本橋小網町14-1
電　話　書籍編集部　03（5644）7490
　　　　販売・管理部　03（5644）7410
F A X　03（5644）7400
振替口座　00190-2-186076
U R L　http://pub.nikkan.co.jp/
e-mail　info@media.nikkan.co.jp
企画・編集　新日本編集企画
印刷・製本　新日本印刷㈱

ISBN 978-4-526-07617-6